有故事的植物

李广旺 ◎ 主编

中国林业出版社
China Forestry Publishing House

《有故事的植物》编委会

图书在版编目(CIP)数据

有故事的植物 / 李广旺主编. —北京：中国林业出版社，2018.6

ISBN 978-7-5038-9576-0

Ⅰ. ①有…　Ⅱ. ①李…　Ⅲ. ①植物－普及读物　Ⅳ. ①Q94-49

中国版本图书馆CIP数据核字（2018）第105903号

出版　中国林业出版社（100009　北京西城区德内大街刘海胡同 7 号）

http://lycb.forestry.gov.cn　　电话：(010)83143576　83143575

印刷　固安县京平诚乾印刷有限公司

版次　2018 年 7 月第 1 版

印次　2018 年 7 月第 1 次

开本　787mm × 1092mm　1/16

印张　14

字数　220 千字

定价　78.00 元

前 言

平时偶尔有人会问："地球上的植物有多少种？"其实应该说没有确切的数字，因为随着时间的推移，既有逐渐消失的物种，也有陆续发现的新物种。迄今为止，已经发现的植物大约有50万种，其中被科学家命名的大约有35万种。最初的植物结构简单、种类很少，经过数亿年的漫长岁月，植物也同其他生物一样，不断地进化成了今天的这个样子。

所有植物都是按照由低等到高等、由简单到复杂、由水生到陆生的规律演变与进化的，且分为低等植物和高等植物。其中低等植物包括藻类植物、菌类植物和地衣植物，高等植物包括苔藓植物、蕨类植物、裸子植物和被子植物。被子植物是植物界最高级的类群，因为其种子是被果实包被的，故而得名。

一种植物可作为多种动物的食物，一种植物的灭绝就意味着有动物会灭绝。自然生态系统之所以保持平衡，关键在于生物的多样性。因此，植物种类灭绝，必将破坏整个食物链，削弱物质和能量的传递，各种生物的生产量就会减少，从而直接威胁人类的生存。丰富多样的植物，是人类生命活动的能量来源，它们为人类生产提供了丰富的物质产品，同时为人类提供了适宜的生活环境。因此，丰富的植物也是人类繁荣昌盛的重要标志。植物是人类的朋友，要做好朋友，首先就要认识它们、了解它们，在认识、了解的基础上进行合理的开发利用，才能做到生态系统的平衡和谐。

对于多数人而言，植物吸引我们视线的基本上以花和果实为主，也偶有漂亮的叶子和树干等。但是除了这些之外，植物还有哪些需要我们了解的？如何进行了解？《有故事的植物》的编写就是针对这些问题而进行的。对于书中的每种植物，我们都是以引人入胜的故事开始，让读者在故事中得到启发，通过故事的引导了解植物、记住植物。在故事之后我们按照由易到难、由初级向高级、由业余到专业的层面展开，将相关植物知识娓娓道来，因此，上至专业人员，下至中小学生，都能从中找到适合自己学习的知识点，更会从中得到不同的收获。同时，

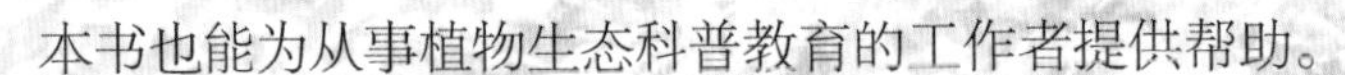

本书也能为从事植物生态科普教育的工作者提供帮助。

“草本植物药效高”中薄荷、地黄、藿香、桔梗、铃兰、罗勒、蒲公英、忍冬、萱草、知母由刘朝辉编写；倒地铃、聚合草、马利筋、蜀葵、鱼腥草、玉簪由赵芳编写；何首乌、连钱草、圆叶牵牛由辛蓓编写；红蓼、马齿苋、麦蓝菜、射干、紫苏由杨天编写。

“木本植物趣事多”中刺楸、槐、黄檗、栓皮栎、香椿、银杏、榆树、樟树、柘树、梓树由魏红艳编写；海棠、合欢、水杉、桃、梧桐、圆柏由师丽花编写。

“农作物类天天见”中大豆、葫芦、陆地棉、南瓜、水稻、心叶日中花、烟草由李朝霞编写；大蒜、番茄、甘薯、胡萝卜、花椰菜、马铃薯、向日葵、油菜、玉米、芝麻由刘鹏进编写。

“热带植物很神奇”中番木瓜、火龙果、龙船花由李艳慧编写；龟背竹、含羞草、旅人蕉、苏铁由于宝霞编写；红花羊蹄甲、夹竹桃、咖啡、菩提树、叶子花由刘婷婷编写；面包树、文殊兰由明冠华编写；龙血树、使君子、西番莲由左小珊编写。

“沙生植物耐饥渴”中百岁兰、非洲霸王树、光棍树、金琥、库拉索芦荟、龙舌兰由龙磊编写。

“水生植物有特长”中菖蒲、凤眼蓝、浮萍、莕菜由陈建江编写；荷花、菱角、芦苇、睡莲、香蒲由马凯编写。

本书能够顺利出版，要感谢首都绿化委员会办公室，感谢中国林业出版社，并感谢李敏编辑和曾琬淋编辑为本书所付出的辛勤工作。本书的出版也离不开领导和朋友们的支持和帮助，在此一并致谢。

由于编者水平有限，书稿中纰漏之处在所难免，敬请批评指正。

编者

2018年2月

目 录

3 农作物类天天见

4 热带植物很神奇

5 沙生植物耐饥渴

6 水生植物有特长

1 草本植物药效高

薄荷

拼　音：bò he
拉丁名：*Mentha haplocalyx* Briq.

美丽的传说

传说出自希腊神话，冥王哈得斯爱上了美丽的精灵曼茜，冥王的妻子十分嫉妒，于是使用魔法将曼茜变成路边一株不起眼的小草。可善良的精灵曼茜变成小草后，她身上却拥有了一股清凉迷人的芬芳，越是被摧折踩踏就越浓烈。之后，越来越多的人喜爱这株小草——薄荷（图1）。

图1　薄荷

简介

别名　野薄荷、土薄荷等。

花语　美德、愿与你再次相逢、再爱我一次。

生物学特性　薄荷为唇形科薄荷属多年生草本植物，株高30～100厘米。茎直立；叶为长圆状披针形，先端锐尖，叶缘基部以上具整齐或不整齐锯齿，两面沿脉密生微毛或具腺点。轮伞花序腋生，花冠淡紫色（图2）；小坚果；花期7～9月，果期8～10月。薄荷的清凉的味道沁人心脾。很多人喜欢吃薄荷糖，它独特的味道让人难以忘却。

图2　薄荷的花

分布　北京各地均有分布。俄罗斯、朝鲜、日本也有。

应用价值

园林景观用途 薄荷在园林造景中不是很常见，主要以食用和药用为主。

药用和食用价值 薄荷用途日益广泛，既可药用，又可食用。薄荷在药用方面，具有消炎、抗菌、健胃、祛风等作用。在食用方面，薄荷可作为调味剂、香料，还可配酒、冲茶等。在一些糕点、糖果、酒类、饮料中加入薄荷香精，能够促进消化、增进食欲。在烟草行业中，烤烟时加入薄荷脑，可以明显减弱烟草的辛辣刺激，使其变得温和高雅，适口性更强。

栽培技术

薄荷一般采用根茎（图3）繁殖，在春栽或冬前栽均可。春栽多在3月下旬至4月上旬进行，冬前栽在10月下旬前后进行。薄荷对土壤要求不严，但以土层深厚、疏松肥沃、富含有机质的壤土或半沙壤土为好。适宜生长温度为20～33℃。薄荷最好是边挖边栽，以防根茎风干。

图3 薄荷的根茎

用5～8滴薄荷精油放入香薰炉中，薄荷精油即迅速散发到空气中，具有改善头痛、治疗感冒、缓解鼻塞的功效。

◇ 你还需知道的

（1）薄荷属植物在全世界大约有30种，广泛地分布在北半球温带地区，我国约有12种。

（2）在我国，薄荷的使用也有相当悠久的历史，薄荷的清凉味道使其很早就被当作草药使用。此外，在我国南部一些地区，薄荷还被作为一道野菜食用，而薄荷茶更是人们常为饮用的饮料。

倒地铃

拼　音：dǎo dì líng
拉丁名：*Cardiospermum halicacabum* L.

植物趣事

倒地铃引人注目的地方是它的果实，鼓鼓如气球般，种子乍看很是普通，仔细观察，就会发现饱满的黑色上面有一颗白色的心。这颗白色的心，仿佛是天上的神灵借给人类用来说“爱”的语言。在很早以前的先民们，看到这颗小小的种子，一定会把它送给自己心爱的人，希望自己的爱人能珍惜这份礼物。盼望着爱人在仔细打量这份小礼物时，能惊喜地发现这个可爱的心，从而将自己放在心上，好好保存，用心呵护。

简介

别名　风船葛、金丝苦楝藤、野苦瓜、包袱草。

花语　自由的心。

生物学特性　倒地铃是无患子科倒地铃属的攀缘草质藤本植物，茎绿色柔软，由花梗特化形成的2个卷须对生在花序的下端，形状优美精巧（图1）。二回三出复叶，整个复叶呈三角形，小叶薄、柔软。花期6～10月，花小，约1/4壹角硬币的大小。萼片4枚，外面2枚圆卵形，内面2枚长椭圆形，长是外面萼片的2倍。花瓣乳白色，外花盘大，展开；内花盘4枚，紧抱雌、雄蕊，其中2枚先端具有橘黄色的示蜜斑。倒地铃具有两种类型的花，雄花和两性花。雄花雌蕊退化，两性花雌、雄蕊均发育正常，但雄蕊花丝短，花药不开裂。倒地铃的蒴果，幼时形似折叠的灯笼，青绿色，遍身绒毛（图2），慢慢生长，变成一个个圆嘟嘟的青玉小灯笼，成熟后逐渐泛黄，形似旧纸灯笼（图3）。随着风吹雨打，“灯笼”外皮尽落，露出3颗黑色种子，种脐为白色心形。

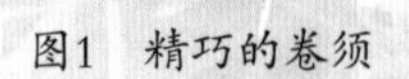
图1　精巧的卷须

分布　倒地铃生长于田野、灌丛、路边和林缘，广布于全世界的热带和亚热带地区。

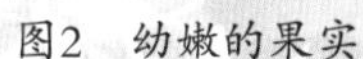
图2　幼嫩的果实

图3　成熟的果实

应用价值

园林景观用途　倒地铃在亚热带、热带地区很常见，在北方可作为观赏植物进行栽培。在生长时，可以立支柱任其攀爬，或将其枝条牵引至栏杆、篱笆等处，作为垂直绿化的景观植物使用。倒地铃的花清新可爱，果富有童趣，也可以作为观花、观果植物栽种于园林中。

药用价值　倒地铃生于山野，是一味良药。据《中国植物志》记载，其“全株入药，味苦性凉，有清热利水、凉血解毒和消肿等功效”。

栽培技术

倒地铃结果期所需水分较多，所以要常保持土壤湿润。在生长期，由于茎叶柔软，卷须攀缘性不强，需要及时搭架，并用线绳等固定在架子上（图4）。

图4　搭架栽培

小常识

倒地铃的果实，一颗颗像是灯笼倒挂在墙垣上，非常特别。果实里的黑色种子具有白色的心形种脐（图5），仔细看很像小猴子的脑袋，画上眼睛、嘴巴，可作为纯天然的艺术品。但是应注意种子有毒，不可食用。

图5　倒地铃的种子

◇ 你还需知道的

（1）你知道自然界有哪些代表爱心的植物吗？

（2）除了倒地铃，还有很多植物的果实像圆鼓鼓的灯笼或气球，你知道这些植物的名称吗？

地黄

拼　音：dì huáng

拉丁名：*Rehmannia glutinosa*（Gaertn.）Libosch. ex Fisch.

美丽的传说

相传在唐朝时，有一年黄河中下游瘟疫流行，无数百姓失去生命。县太爷来到神农山药王庙祈求神保佑，送药人送来一株根状的草药，并将此药称为地皇，意思是皇天赐给的神药，并告诉他神农山北草洼有许多这种药。县太爷于是就命人上山采挖，解救了百姓。瘟疫过后，百姓把它引种到自家农田里，因为它颜色发黄，百姓便把地皇叫成地黄。值得一提的是，不管是否与传说有关，此后一说到地黄人们都会认为怀庆者为胜，药物学家李时珍在《本草纲目》中有记载。

简介

别名　酒壶花、山白菜等。

生物学特性　地黄为玄参科地黄属多年生草本植物，高15～30厘米，全株密被灰白柔毛及腺毛（图1）。根肉质。叶基生，莲座状，向上逐渐缩小而在茎上互生；叶片倒卵形至长椭圆形，基部渐狭成长叶柄，叶面多皱。总状花序顶生，密被腺毛，花萼钟状，外面紫红色，内面黄色有紫斑（图2）。花期4～6月，果期6～7月。

分布　北京各地常见。生于道旁、荒地。我国各地及国外均有栽培。

图1　地黄全株

图2　地黄的花

应用价值

园林景观用途 多作药用栽培，花序花形优美，可在花境、花坛、岩石园中应用。西方园林种植多作观赏。

药用价值 地黄是一种比较常用的中药材，有非常好的药物价值。地黄有鲜地黄、生地黄、熟地黄 3 种，三者都有养阴生津的功效。鲜地黄能清热、生津、凉血，生地黄能清热、生津、润燥、凉血、止血，熟地黄能滋阴补肾、补血调经。

经济价值 地黄已成为中国重要的创汇产品之一，产品远销东南亚及日本等国家和地区。

栽培技术

地黄的块根上芽眼多，容易生根、发芽，所以多用块根繁殖，亦可用种子繁殖（多用于育种）。

（1）块根繁殖。因各地的气候条件及品种的不同，栽种时间也不同。一般可分为早地黄和晚地黄，早地黄于4月上中旬栽种，晚地黄于5月下旬至6月上旬栽种。栽种时，在整好的畦面上按行距30厘米开沟，按株距15～20厘米放根茎，覆土厚3～4厘米。

（2）种子繁殖。多采用育苗移栽法，于3月下旬播种育苗。按行距10～15厘米开浅沟条播，覆土厚0.3～0.5厘米。要经常喷水保湿。播后15天即可出苗。

小常识

地黄是“四大怀药”之一，有着久远的历史记载。从周朝开始，“四大怀药”被历代列为皇封贡品；唐宋时期，“四大怀药”已久负盛名，经丝绸之路传入亚欧各国；明代郑和将怀药带入东南亚、中东、非洲诸国；近代“四大怀药”被海外人士誉为“华药”。《红楼梦》中亦有宝玉为晴雯改药方加地黄的情节。

◇ 你还需知道的

地黄与毛地黄有什么区别?

地黄与毛地黄都属于玄参科的植物，只是一字之差。毛地黄因布满茸毛的茎叶及酷似地黄的叶片而得名，它的故乡远在西欧温带地区，因此又称为洋地黄（图3）。

图3 毛地黄的花

何首乌

拼　音：hé shǒu wū
拉丁名：*Fallopia multiflora* (Thunb.) Harald.

美丽的传说

相传在很久以前的顺州南河县（今广西陆川县西），有一个叫何田儿的孤婴，生命垂危之时由山中道士抱养，因此一直在道观中修炼长大。一晃50年过去了，何田儿未曾婚娶。一天他与朋友相聚，多喝了几杯酒，醉倒在回道观的小路边，睡梦中他看到眼前两条藤蔓，一会儿相聚交缠在一起，一会儿又分散开来，如此往复不止。何田儿顿时酒醒，此时发现自己躺在路旁的藤蔓之下，于是好奇地挖出藤蔓下的根拿回道观请教师傅们，谁知都不曾认识这种形状各异的根是何种植物的，而唯独观中年纪最长的老道士看后说道："此藤所呈相交之象，似有龙凤呈祥之兆，这是上天降给你的祥瑞神药，你从小体弱多病，不妨服之试试。"于是何田儿将这种根晒干研成粉，每日服用，没过多久便发现打小的宿疾自愈，身体日渐强壮。一年后他的须发开始变得乌黑，容颜润泽，红光满面，似有返老还童之象。最终，何田儿在花甲之年娶一妙龄女子为妻，生儿育女。后来，何田儿的孙子何首乌也常年服用此药，至百岁时须发仍乌黑油亮，体质强健如年轻小伙子。乡邻百姓都来诚心请教何首乌这一长生不老之神药，何首乌便拿出这怪状根块介绍给了乡亲们，大家为了感谢何首乌的分享而给这种神药取名为"何首乌"。从此，何首乌延年不老的药效在民间广泛流传开来。

简介

别名　夜交藤、夜合、多花蓼、紫乌藤、地精。

花语　淡淡的期待。

生物学特性　何首乌为蓼科蓼属多年生草本植物。喜光且耐半阴，喜光而畏涝。地下部块根膨大而肥厚，呈黑褐色长椭圆形（图1）。缠绕茎向上多分枝，茎上具纵棱，虽无毛但有粗糙手感，茎下部木质化。叶长3～7厘米，宽2～5厘米，呈长卵形，顶端渐尖，基部心形或近心形，两面粗糙，边缘全缘；叶柄长约为叶片长的1/2；托叶鞘膜质，偏斜，无毛（图2）。花序圆锥状，长可达20厘米，顶

图1　何首乌的块根

图2　何首乌的叶片

图3　何首乌的花

生或腋生，分枝开展；苞片三角状卵形，具小突起，每苞内2～4朵花；花梗细弱，长2～3毫米，下部具关节，结果时会延长；花被5深裂，白色或淡绿色，花被片椭圆形，大小不相等，外面3枚较大且背部具翅；雄蕊8枚，花丝下部较宽；花柱3个，极短，柱头头状（图3）。瘦果卵形，且有3棱，长2.5～3.0毫米，黑褐色而有光泽，包于宿存花被内。花期8～9月，果期9～10月。

分布　何首乌产于陕西南部、甘肃南部、华东、华中、华南、四川、云南及贵州。生山谷灌丛、山坡林下、沟边石隙。日本也有分布。

应用价值

园林景观用途　何首乌原本作为一种药材进行人工种植，但人们逐渐发现了它的美：缠绕茎蔓长且分枝众多，叶形端正且不着虫蛀，花开时花序繁茂而小花雅致。因此，现代庭院有将它布置于藤架和叠石旁，缠绕攀缘之姿文雅清新，让人倍感气质有型而姿态美观。

药用价值　生首乌具有解毒消痈、润肠通便的作用，用于治疗疮痈痔疮、风疹瘙痒、肠燥便秘；制首乌能补肝肾益精血、乌须发强筋骨，治疗血虚萎黄、眩晕耳鸣、须发早白、腰膝酸软、肢体麻木、崩漏带下、久疟体虚等；地上部的缠绕茎具有安神养心的功效。

栽培技术

（1）播种。直播为主，也可育苗移栽。3月上旬至4月上旬播种，条播行距30～35厘米。何首乌育苗对土壤有较为严格的要求，以土层深厚、土质疏松肥沃、水源方便、能排能灌的地块为宜。因此，最好先深施基肥后再播种子，因种子细小，应以撒播为宜，其上覆土。至苗高5厘米时间苗，株距30厘米左右。

（2）分株。可于春季萌芽前刨出根际周围的萌蘖或8～9月初秋时节挖取块根，选有芽眼的和须根生长良好的中小型块根，按行距30～35厘米、株距25～30厘米挖穴栽种在疏松肥沃的地块上，种后必须浇定根水1次，出苗后正常管理。

小常识

传统中药中，何首乌的块根被用作补益剂和抗衰老剂，但随着医学技术的发展，发现过量食用何首乌会对肝脏造成损害。因此，2014年7月15日国家食品药品监督管理总局发布最新规定，2014年9月1日后生产的含何首乌保健食品，标签标识中的不适宜人群必须增加“肝功能不全者、肝病家族史者”，注意事项增加“本品含何首乌，不宜长期超量服用，避免与肝毒性药物同时使用，注意监测肝功能”。同时，国家食品药品监督管理总局规定了作为保健食品，生何首乌每日用量不得超过1.5克，制何首乌每日用量不得超过3.0克；保健功能包括对化学性肝损伤有辅助保护功能的产品，应取消该保健功能或者配方中去除何首乌。

◇ 你还需知道的

（1）何首乌的块根挖出后经不同的操作程序制成的中药材分为两种，即生首乌和制首乌，它们有着不同的药效，可不能用错。

（2）我国自唐朝开始，何首乌就备受世人的青睐，被列为“四大仙草”之一。而另外3种鼎鼎有名的“仙草”分别是人参、灵芝和冬虫夏草，由此可见何首乌的价值之高。

红蓼

拼　音：hóng liǎo
拉丁名：*Persicaria orientalis*（L.）Spach.

美丽的传说

据说在民间有一位官员，要准备离家去远方任职，在临别之时，他的好朋友们都来相送。送别的人群大都是文人墨客，但也有一位看起来比较粗鄙的武官，和这些文人很是不搭。文人们都看不惯这位武官，就一起捉弄他，于是提出，每个人都要即兴作一首诗，送给即将远行的这位官员。文人们纷纷想诗，并吟诵出诗句，每一个文人都自信满满地作了诗句送给官员。最后终于轮到武官了，文人们都在想，一个武官不可能作出诗句来，准备好了嘲笑的心理，等着看他出丑。这时武官开口说："你也作诗送老铁，我也作诗送老铁。"这两句诗听起来真的很俗，文人们都偷偷地笑。这时武官又说出了后两句诗，令所有在场的文人们都震惊了："江南江北蓼花红，都是离人眼中血。"这首诗听起来虽然朴实，其中的意境却很符合送别的情绪以及不舍之情。

简介

别名　狗尾巴花、红草、大红蓼、游龙、东方蓼。

花语　立志、思念。

生物学特性　红蓼为蓼科蓼属一年生草本植物（图1）。根粗壮。茎直立，粗壮，节部稍膨大，中空，上部多分枝，密生柔毛。叶片宽椭圆形、卵状披针形或近圆形，长7～20厘米，宽4～10厘米，顶端渐尖，基部圆形或略成心脏形；两面均生柔毛，叶脉上毛较密（图2）。总状花序呈穗状，顶生或腋生，长3～7厘米，花紧密，微下垂，通常由数个组成圆锥状（图3）。苞片为卵形，每苞片内生多数相继开放的白色或粉红色花，花开时下垂。花被片5枚，椭圆形，长3～4毫米；雄蕊7枚，伸出花被；花柱2个，柱头球形，比花被长。红蓼花期7～9月，从仲夏开到秋分，其花细碎如米，多淡紫、深紫色，像谷子般，密密麻麻地结成穗状，簇拥在枝头。盛夏花期时，花朵争先恐后，一穗穗开着，一片片红紫，弯弯

图1　红蓼

垂头，在风中颌首，仿佛自得其乐。瘦果近圆形，稍扁，直径约3毫米，黑色，具光泽，包在花被内。

分布　除西藏以外，广布于全国各地，野生或有栽培。生于荒地、水沟边或住房附近，海拔在30～2700米。

图2　红蓼的茎、叶

应用价值

园林景观用途　红蓼生长迅速，适应性强，加上外形高大，叶绿，花密且红艳，是绿化、美化庭园的优良草本植物。

图3　红蓼的花

药用价值　红蓼的茎、叶可以入药，作为一种中药药材，在热毒、瘀血、风湿、痢疾、腹泻、水肿、脚气、蛇虫咬伤、疝气、跌打损伤、疟疾等疾病的治疗中都具一定功效。果实也可入药，名“水红花子”，具有活血、消积、止痛、利尿的功能。

栽培技术

红蓼常采用播种法繁殖。春季3～4月播种，播种前，先深翻地，然后将地平整好。按行、株距为30～35厘米开穴，深约7厘米，每穴播种10粒左右，覆盖2～3厘米厚的细土。播后施人畜粪水，盖上草木灰或细土约1厘米。出苗后及时间苗，保持株距30厘米左右。待长出2～3片真叶时，匀苗、补苗，每穴有苗2～3株。

秋季（9～10月）红蓼种子成熟时，及时进行采集。将种子去皮、阴干，然后贮存于密闭干燥处。

小常识

红蓼作为观赏植物，深受古代文人骚客的喜爱。在他们留下的文学作品中，频频出现红蓼的身影。同时，其还是一种药食同源的植物，红蓼的嫩叶是可以食用的，在夏季，可以将嫩叶用沸水焯熟，凉拌食用。

◇ 你还需知道的

（1）我们需要进一步探讨古人的文学作品，发掘红蓼的植物文化底蕴。

（2）红蓼是含有小毒的，因此在平时的使用上，尤其是对于药理以及药性不清楚的情况下，最好在咨询专业医生的建议后食用，才是安全可靠的。

藿香

拼　音：huò xiāng
拉丁名：*Agastache rugosa*（Fisch. et Mey.）O. Ktze.

美丽的传说

相传很久以前，深山里住着一户人家，哥哥与妹妹霍香相依为命。后来，哥哥娶亲后就从军在外，家里只有姑嫂二人。平日里，姑嫂相互体贴，每天一起下地，一块儿操持家务，日子过得和和美美。

一年夏天，天气连日闷热潮湿，嫂子因劳累中暑突然病倒。只见她发热恶寒、头痛恶心、倦怠乏力，十分难受。霍香急忙把嫂子扶到床上，赶快到后山采集能治这种病的药草。因霍香年轻，嫂子不放心，劝她别去，霍香全然不顾。

霍香一去就是一天，直到天大黑时才跌跌撞撞回到家里。只见她手里提着一小筐药草，两眼发直，精神萎靡，一进门便扑倒在地，瘫软一团。嫂子询问缘由，才知她在采药时不慎被毒蛇咬伤了右脚，中了蛇毒。只见在霍香的脚面上有两排蛇咬的牙印，右脚又红又肿，连小腿也肿胀变粗了。乡亲们听见嫂子的呼救，等郎中到来时，却为时已晚。

嫂子用小姑采来的药草治好了病，并在乡亲们的帮助下埋葬了霍香。为牢记小姑之情，嫂子便把这种有香味的药草亲切地称为"霍香"，并让大家把它种植在房前屋后、地边路旁，以便随时采用。从此这种药草的名声越传越广，治好了不少中暑的病人。因为是药草的缘故，久之，人们便在"霍"字头上加了一个"草"字头，将"霍香"写成了"藿香"。

简介

别名　排香草、把蒿、山茴香等。

花语　信任。

生物学特性　藿香为唇形科藿香属多年生草本植物，夏季开花，花冠淡紫蓝色（图1）。株高可达1.5米。茎直立，四棱形；叶为卵形，叶缘具粗齿，上面被微毛，下面被微柔毛和腺点。轮伞状花序具多花，在主茎或分枝上组成顶生的穗状花序。花萼管状钟形，花冠二唇形；上唇直伸，先端微缺；下唇3裂，中裂片较宽大，侧裂片半圆

图1　藿香

形。雄蕊4枚，伸出花冠；花柱先端具相等的2裂。小坚果，褐色。果期9～11月。叶及茎均富含挥发性芳香油。

分布 藿香生于山坡道边、沟旁、山坡草丛中和林下。分布遍及全国，俄罗斯、朝鲜、日本、北美也有分布。

应用价值

园林景观用途 藿香在中国栽培历史悠久。当密集的淡紫红色花盛开时，优美雅致。适用于花境、池畔和庭院成片栽植。十分幽雅，也可盆栽观赏。

药用价值 藿香全草入药，具有止呕吐和消暑的功效；藿香有杀菌功能，口含一叶可除口臭，预防传染病。藿香正气水是家庭中夏季常备的防暑降温药。

栽培技术

藿香多用种子繁殖，当年播种，当年收获。北方春季播种在4月中下旬育苗，撒播或条播。

（1）播种。

①撒播：将种子拌细沙或草木灰，均匀地撒在畦面上，用薄板轻轻拍打畦面，使种子与畦面紧密接触，覆土厚度1厘米。

②条播：顺畦按行距25～30厘米开浅沟，沟深1.0～1.5厘米，浇透水，将种子拌细沙均匀地撒入沟内，覆土1厘米，稍加镇压。

（2）定植。当苗高12～15厘米，4～6片真叶时，按株距25厘米、行距40厘米选择阴天定植，后浇透定根水。

小常识

藿香和紫苏（图2）是近亲，都属于唇形科植物。不同的是藿香可化湿醒脾，能解暑；而紫苏解表散寒，解鱼蟹毒。

图2 紫苏

◇ 你还需知道的

藿香是高钙、高胡萝卜素食品，可食用，其嫩茎叶为野味之佳品，可凉拌、炒食、炸食，也可做粥。藿香亦可作为烹饪佐料或材料。因其具有健脾益气的功效，是一种药食同源的烹饪原料。

桔梗

拼　音：jié gěng

拉丁名：*Platycodon grandiflorus*（Jacq.）A. DC.

美丽的传说

相传在很久以前，某个村子里住着一位名叫桔梗的少女，与同村的少年总在一起玩耍。几年后，他们成了一对恋人。一天，小伙子乘船要去很远的地方捕鱼，临走前对桔梗说："一定要等我回来。"桔梗便答应了。日复一日，年复一年，桔梗希望心爱的人早些回来，总是跑到海边祈祷，但小伙子杳无音讯，再也没有回来。几十年过去了，桔梗也成了一位白发苍苍的老人，她依然每天到海边去等待心爱的人归来。终于有一天，桔梗慢慢地闭上了眼睛，而她的身体变成了美丽的桔梗花。

简介

别名　僧冠帽、包袱花、六角荷、道拉基。

花语　永恒的爱，诚实、柔顺、无悔。

生物学特性　桔梗（图1）为桔梗科桔梗属多年生草本植物。枝、叶具白色乳汁。茎直立。叶3枚轮生，有时为对生或互生，为卵形或卵状披针形，叶缘具尖锯齿，下面被白粉。花1朵至数朵，花萼钟状，裂片5枚，三角形；花冠蓝紫色，浅钟状（图2）。雄蕊5枚，柱头5裂，蒴果。花期7～9月，果期8～10月。

分布　北京各山区均有分布，各公园也常有栽培。广布于全球。

图1　桔梗

应用价值

园林景观用途　桔梗花端庄、大方，姿态优雅，清丽脱俗，花色紫中带蓝，蓝中见紫，神秘妖娆，含苞时若僧帽，盛开后如铃铛。园林中多植于花坛、花境、岩石园中（图3），花大而美丽，亦可作切花或盆栽观赏。

药用价值 根可入药，具有祛痰、利咽、排脓的功效。

图2 桔梗的花

图3 桔梗的景观

栽培技术

桔梗最好选择沙质壤土种植。播种前用40℃左右的温水加新高脂膜浸种催芽，以提高发芽率，增加成活率。春、夏、秋均可播种，以清明到芒种为好。种子以直播为佳，浅播，沟深不超过2厘米，在温度18～25℃、湿度足够的情况下，播后10～15天出苗。

小常识

桔梗与洋桔梗只有一字之差，却是两种不同的植物。洋桔梗（图4）为龙胆科洋桔梗属多年生植物，原产美国，花色丰富，有单色及复色，花形别致可爱，是目前国际上十分流行的盆花和切花种类之一。

图4 洋桔梗

◇ 你还需知道的

（1）桔梗花不是任何国家的国花，但朝鲜人对它有一种特别的感情。朝鲜民谣《桔梗谣》唱遍东亚，在朝鲜语中，桔梗叫作“道拉基”。直到今天，桔梗仍然是朝鲜人和韩国人生活中不可或缺的一种植物。

（2）吉林延边地区朝鲜族人民把桔梗花的嫩叶作蔬菜食用。

聚合草

拼　音：jù hé cǎo
拉丁名：*Symphytum officinale* L.

植物文化

聚合草原产前苏联欧洲部分和高加索，据说我国在20世界50年代初曾将该植物引入栽种于北京植物园，取名为“肥羊草”，意味着这种植物是很好的畜牧用草，但当时未在全国推广种植。据有关文章介绍，我国在1964年和1965年先后从澳大利亚及日本引入，取名为“紫草根”，命名来源可能为生长1年以上的植株根外皮为淡紫褐色。1973年朝鲜将其作为珍贵礼物送给中国，作为朝鲜与中国友谊的象征，名为“友谊草”，在全国范围内推广种植。在1975年全国牧草品种资源会议上统一定名为“聚合草”。

简介

别名　爱国草、肥羊草、友谊草、西门肺草、紫草根。

花语　友谊长青。

生物学特性　聚合草是紫草科聚合草属多年生丛生草本植物，全株被硬毛和短伏毛，摸上去有扎手的感觉（图1）。根系很发达，据说能深入到地下3米。整个植株呈莲座状，基部生长很多数量的丛生叶，通常50～80片，最多可达200片，叶柄比较长，叶片长度一般超过30厘米，宽披针形。茎生叶较小，无叶柄，叶基部

图1　聚合草植株

图2　聚合草的茎生叶和基生叶

下延（图2）。花期5～10月（图3），螺状聚伞花序，花序上密集排布二三十朵呈筒状的紫色小花。小花萼片5裂，花冠呈筒状，上部膨大似钟形；花柱长于花冠，柱头淡紫色，呈圆形。雄蕊5枚，子房上位，一般不育。

（a） 花初期

（b） 花中期

（c） 花末期

图3　聚合草的花

应用价值

园林景观用途　聚合草植株青翠饱满，在北京绿期长达9个月，是很好的园林绿化、地被植物（图4）。花期长达5个月，花开放时如一个个紫色的小铃铛密集排布，有很强的观赏效果，可独栽或与其他植物配置使用。聚合草在林下庇荫处也能生长良好，也可作为阴生植物进行景观配置。

图4　聚合草镶边种植

聚合草的根系发达，耐贫瘠、耐旱，而且适应性广，抗污能力强，根系在土壤中能耐-40℃的低温，是节约型园林建设中的极好材料。

聚合草叶片肥厚，营养充足，而且根系分布范围广，从生能力强，特别适合在动物园中作为地被植物进行栽培。

药用价值　聚合草在欧洲大陆作为药用植物栽培有很长的历史，它的拉丁名

"Symphytum"来自希腊语，意思是"骨骼和伤口的愈合"，因而聚合草有着"接骨草"的绰号。聚合草在欧洲医药中用于治疗各种各样的疾病，包括支气管疾病、骨折、扭伤、关节炎、胃和静脉曲张、严重烧伤、痤疮和其他皮肤病。现代医学证明，聚合草全草包括根茎的提取物含有尿囊素，能促进细胞再生，可外用于治疗痛风、风湿、皮肤病等药剂，也可用于化妆品，但是口服具有毒性，应限制服用时长和剂量。

栽培技术

聚合草开花后种子极少，一般用营养体繁殖，常用分株、切根方法进行，时间可以在5～8月。种植时，株距要在50厘米左右，以便植株有充足的空间生长。作为园林植物种植时，可以粗放管理，但生长地忌低洼、长期积水。作为牧草种植时，应在每次采收后中耕除草，以利于再生。

小常识

聚合草是强大的养分储存器，发达的根系使得聚合草叶片富集很多矿物质和微量元素，是优良的牧草资源。聚合草的叶片还可以作为堆肥催化剂，能很快促进有机物的腐烂和分解。聚合草新生的嫩叶和花序在欧洲有较长的食用历史，而且叶子也可泡茶饮用，不过现代医学认为聚合草具有一定的毒性，需要谨慎食用。

◇ 你还需知道的

（1）聚合草是典型的外来物种，你还知道哪些植物是外来物种吗？

（2）聚合草绰号为"接骨草"，在自然界还有接骨木，你知道吗？

连钱草

拼　音：lián qián cǎo

拉丁名：*Glechoma longituba*（Nakai）Kupr.

美丽的传说

相传在2000多年前，在江南山村有一对年轻夫妇，日子过得很美满。谁知好景不长，一天，丈夫突然肋下疼痛，好像刀绞针刺一般，没过几天，竟活生生地疼死了。妻子哭得死去活来，请大夫查明丈夫的死因。大夫根据死者发病的部位剖腹一查，发现胆里有一块小石头。妻子拿着这块石头，伤心地说："就这么一块石头，生生地拆散了我们恩爱夫妻，真是害得人好苦啊！"于是，她用红绿丝线织成一个小网兜，把石头放在里面，挂在脖子下边，不管白天干活，还是晚上睡觉，都不拿下来。就这样，一直挂了好多年。

有一年秋天，她上山砍草，砍完一大捆，便抱着下山。等她回到家里时，忽然发现挂在胸前的那块石头已经化去了一半。她十分奇怪，逢人便讲。后来，这事被一位医者听见，就找上门来对她说："你那天砍的草里，准有一种能化石头的药草。你带我上山找找那种草吧。"第二天，她带着医者来到砍草的山坡，但是，草都被砍光了。医者就在这片地周围插上树枝当记号，打算来年再说。到了第二年秋天，医者再次跟妇女上山，把那片山坡的草砍下来，让妇女抱回家。不过，这一回石头没有一点变化，还跟从前一样硬。但是医者并没有泄气，第三年，他和那位妇女又一次上山，把那片山坡的草砍下来，先按种类分开，然后，再把那块石头先后放到每一种草上试验。结果，终于找到了一种能化石头的草。医者高兴地说："这可好了，胆石病有救啦。"从此，医者就上山采集这种药草，专门治疗胆石病，效果很好。

简介

别名　金钱草、活血丹、地钱儿、钹儿草、遍地香、铜钱草、透骨消。

花语　留心，留意沿途的美景。

生物学特性　连钱草为唇形科活血丹属多年生草本植物，茎匍匐生长，节上生根。茎四棱形，基部通常呈淡紫红色。茎上部叶片较大，呈心形；下部叶片较小，呈心形或近肾形；叶片边缘具圆齿或粗锯齿状圆齿（图1）。轮伞花序通常2花。花冠唇形，上唇3齿，较长；下唇2齿，略短；花冠淡蓝至紫色，下唇具深色斑点。雄蕊4枚，花柱先端近相等2裂（图2）。小坚果长圆状，深褐色。花期4~5月，果期5~6月。

图1　连钱草的叶片

图2　连钱草的花

早春时节，连钱草悄悄伸出嫩绿的叶芽，接着舒展成圆形的叶片，像一串串铜钱，放眼望去，满眼的青绿可人。此时，花儿也不甘寂寞，竞相开放，淡紫色的花瓣下唇点缀着深色的斑点，仿佛彩蝶身上的花纹，为春天增添了斑斓的色彩。

分布　除青海、甘肃、新疆及西藏外，全国各地均产；生于林缘、疏林下、溪边等阴湿处，海拔50~2000米。

应用价值

园林景观用途　连钱草生于阔叶林下、河畔边等阴湿的地方，耐寒、喜阴湿，且匍匐生长，蔓延能力极强，可以很快形成景观，因此可作为建筑背阴处、林荫下、护坡河岸北向的优良首选地被植物。

药用价值　连钱草全草入药，具有清热解毒、利尿排石、散瘀消肿的功效。主要用于治疗膀胱、尿路和肝胆结石，内服亦治伤风咳嗽、咯血、痢疾，妇女月经不调、产后血虚头晕，小儿支气管炎、肺结核、黄疸等症。外敷可治跌打损伤、骨折、外伤出血、风癣。

栽培技术

连钱草宜采用匍匐茎扦插繁殖。3～4月，温度达15℃以上时进行扦插，将匍匐茎剪下，每3～4节剪成一段作为插条，长度15～20厘米。在畦面距边20厘米处各开1条浅沟，沟深6～8厘米，将插条按照株距10厘米扦插在浅沟内，插条入土2～3节，然后盖上一层薄土，浇灌适量的水。扦插后1周左右即可生根成活。

连钱草又名活血丹，药用价值很高，但是其食用方法与食用人群都有严格要求和一定禁忌。研究人员通过长期实践调查，发现我国有些地区的中药店把不同科属、不同品种、作用不同的连钱草（图3）和金钱草（图4）进行混用，并且这种现象还比较普遍。仅仅一字的区别，却很有可能耽误病人的病情，我们应该想方设法杜绝类似情况的发生！在2015年版《中华人民共和国药典》中，对连钱草、金钱草的品种区别、主治功能等都有很清楚的记载，大家从识别植物或是了解药效的角度都可以参考学习。

图3　连钱草

图4　金钱草

◇ 你还需知道的

（1）自然界中被称为连钱草、金钱草或是铜钱草的植物有很多种。在花卉市场中甚至同一种植物在一家商铺叫作铜钱草，而在另一家商铺就被称为金钱草，这种情况是商家为了讨喜随意给植物安插的所谓商品名称。若想要对植物进行正确区分，一定要查看专业的书籍或网站。

（2）连钱草属唇形科，与薄荷、藿香等植物是“亲戚”。你若仔细观察这个科的植物，一定会慢慢发现它们在形态上的相似之处。比如，它们的茎不是通常的圆形而是四棱形。还有叶片、花朵上的相似处，请你慢慢辨认吧。

铃兰

拼　音：líng lán
拉丁名：*Convallaria majalis* L.

美丽的传说

在古老的苏塞克斯传说中，亚当和夏娃听信了大毒蛇的谎言，偷食了禁果，森林守护神圣雷欧纳德发誓要杀死大毒蛇。在与大毒蛇的搏斗中，他精疲力竭并与大毒蛇同归于尽，他的血流经的土地上开出了朵朵洁白的铃兰花。人们说那冰冷土地上长出的铃兰就是圣雷欧纳德的化身，凝聚了他的血液和精魂。

简介

别名　香水花、鹿铃、小芦铃。

花语　纯洁、幸福的到来、吉祥和好运。

生物学特性　铃兰为百合科铃兰属多年生草本植物（图1），根状茎长，具有匍匐茎。两片叶基生，柄长，叶片椭圆形，先端渐尖，叶柄下部成鞘状，互相套叠成茎状。花莛稍弯曲，总状花序偏向一侧；花芳香，白色下垂，钟状（图2），花被先端6裂，裂片三角形；雄蕊6枚；花柱柱状。花期5～6月。浆果，球形（图3），熟时红色，果期7～8月。

图1　铃兰全株

图2　铃兰的花

分布 铃兰原种分布遍及亚洲、欧洲及北美，我国各地均有栽培。

图3 铃兰的果

应用价值

园林景观用途 铃兰花香怡人，令人陶醉，株型小巧，花朵白色悬垂成串，似低头含羞的少女，深得人们的喜爱，是优良的盆栽观赏植物。通常用于花坛、花境，作为地被植物也是良好的选择。芬兰将其作为国花。

药用价值 铃兰全草可入药，具有强心利尿的功效。

其他用途 铃兰也是一种名贵的香料植物，它的花可以提取高级芳香精油。

栽培技术

铃兰喜半阴、凉爽湿润环境，对土壤要求不严。用根茎或种子繁殖。

（1）根茎繁殖：春季于萌芽前将根茎挖出，把带有芽眼的根茎分开，每穴栽2～3株，覆土后压实，浇水，2～3年后即可连成片。

（2）种子繁殖：春、秋季均可播种，分别在3月下旬至4月上旬、10月下旬至11月下旬采取条播，行距10～15厘米，沟深2～3厘米，将种子均匀撒在沟内，覆土，浇水，气温在17～20℃时出苗。

小常识

与铃兰极其相似的植物，那就是玉竹（图4）。铃兰与玉竹的形态很相近，同科不同属植物，但仔细观察却有差异。玉竹花白色至黄绿色；花被筒状钟形，花期6～7月。

图4 玉竹

◇ 你还需知道的

铃兰与玉竹还有其他的区别吗？药效有什么不同？

罗勒

拼　音：luó lè

拉丁名：*Ocimum basilicum* L.

美丽的传说

相传在几世纪前的古代欧洲，罗勒被奉为上天赐给世人作药和食用的礼物，每到罗勒收获的季节，人们便举行神圣的庆祝仪式，罗勒被视为神圣之物。据说当时若有人踏在罗勒田里，这个人将被众人践踏至死。

简介

别名　九层塔、金不换、圣约瑟夫草、甜罗勒。

花语　仰慕、协助、生命力。

生物学特性　罗勒为唇形科罗勒属草本植物，夏季开花，花冠淡紫色（图1）。罗勒为药食同源芳香植物，叶色翠绿，花色鲜艳，芳香四溢。株高20～80厘米，茎上部被倒向微柔毛，通常带紫色。叶为卵圆形，叶缘具不规则牙齿或近于全缘（图2）。总状花序由多数具6花交互对生的轮伞花序组成。花萼钟形，二唇形，上唇3齿，近圆形；下唇2齿，披针形。花冠淡紫色，或上唇白色，下唇为紫色，二唇形；上唇4裂，裂片近相等；下唇长圆形，下倾，全缘，近扁平。雄蕊4枚，花柱超出雄蕊之上，花盘平顶，具4齿。小坚果，表面具有腺的穴陷（图3）。果期8～10月。

分布　罗勒原产于亚洲热带和非洲，我国云南、四川、福建、广西、台湾等地广为栽培。

图1　罗勒的花

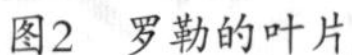

图2　罗勒的叶片

图3　罗勒的果实

应用价值

园林景观用途　北京公园或庭院中有栽培，供观赏。

药用价值　罗勒全草可入药，可治胃痛、消化不良等。

其他价值　罗勒是一种常见的芳香植物，叶片中有淡淡的香味，常用于西餐中，嫩叶也可以做成酱汁，罗勒干制后可制作调味料。全身芳香的罗勒，除了药用、食用以外，还可以提取精油，能滋养皮肤、活血通经，还有舒缓疲劳、提神醒脑的功效。

栽培技术

罗勒一般采用播种繁殖，北方地区在4月中旬开始育苗，将种子播在基质为蛭石的育苗盘内，播种后覆0.5～1.0厘米的基质，育苗盘上面盖一层塑料膜进行保湿。将育苗盘放在25℃左右环境中，出苗后除去塑料膜，苗长出1～2片真叶后移出。

小常识

罗勒是一种常见的芳香植物，叶片中有淡淡的香味，香味在烹调时易丧失，应在烹调的最后阶段放入。罗勒鲜叶与薰衣草、薄荷等搭配泡茶饮用，具有良好的解压效果。

◇ 你还需知道的

全身芳香的罗勒，除了药用、食用以外，还可以提取精油。其精油可滋润肌肤、安抚情绪、消除焦虑。

马齿苋

拼　音：mǎ chǐ xiàn
拉丁名：*Portulaca oleracea* L.

美丽的传说

相传在唐朝年间，安史之乱后各地藩镇割据一方，拒不上缴赋税。唐宪宗刚即位时，西川节度使韦皋病逝，以刘辟为首的将领乘机叛乱。考虑到西川是国家军事重地，唐宪宗决定派宰相武元衡为西川节度使，平定叛乱。不料武元衡到任后不久，时值炎炎夏日，他的胫骨上生了个臁疮，病情反复，以致瘙痒发热，肌肉腐烂，脓血淋漓，把他折磨得痛苦不堪，神疲恍惚，食欲减退，最后无法胜任镇抚西川的重大任务。唐宪宗无奈，只好把他调回京都长安，命太医石磏等调治，但久治不愈。一天，武元衡正闷闷不乐地坐着，一位新来的小吏问道："您如此苦闷，莫非染恙于身?"武元衡便把病况说了。小吏一听，即刻说道："下官倒有一方，专治多年恶疮，即便顽恶疮疡，不过几次就可治愈，您不妨一试。"武元衡说道："方药为何？快快道来。"小吏答："方也简单，采些鲜马齿苋，捣烂敷在疮口，每日换药就成。马齿苋遍地生长，可食用，亦有清热解毒、散血消肿之药性。"武元衡非常高兴，如法用了几次，臁疮果然渐渐痊愈了。他由此十分感激小吏，也多次提到马齿苋。

后来，同为宰相的李绛听说了此事，便把它载入其所著的医学专著《兵部手集方》中，流传下来。到了明代，医药大家李时珍据此把马齿苋"清热解毒，攻血消肿"之功效写入《本草纲目》中。

简介

别名　马苋、五行草、长命菜、五方草、九头狮子草。

花语　坚韧、顽强。

生物学特性　马齿苋为马齿苋科马齿苋属一年生草本植物，植物体肉质。茎平卧于地面，淡绿色，有时成暗红色。叶片扁平，肉质，倒卵形，光滑无毛（图1）。花小，为黄色，常3～5朵簇生枝端；总苞片4～5枚，三角状卵形；萼片2枚，绿色；花瓣5枚，倒卵状长圆形；雄蕊8～12枚，花柱单一，连同柱头长于雄蕊。

蒴果卵球形，长约5毫米。种子多数，细小，黑褐色（图2）。花期5～8月，果期7～9月。

分布　马齿苋分布极为普遍，我国南北各地均产。生于菜田、荒地和较湿的地方，为田间常见杂草。

图1　马齿苋的叶片

应用价值

园林景观用途　马齿苋可作为地被植物，覆盖地面，减少水土流失。大面积的种植不仅让人感觉开阔愉快，同时也能给绿地中的花草树木以美的衬托。

药用价值　马齿苋全株入药，具有清热利湿、消炎、止渴、利尿的作用；还可用作兽药和农药；种子具有明目的功效。

图2　马齿苋的种子

栽培技术

马齿苋一般2～8月均可播种。选择地势平坦、杂草较少的田块，深翻晾晒。马齿苋的种子很小，所以播种前要先施基肥，再耕耙，做成1.2米宽的厢，厢面要平，土要细。为了保证种子撒播均匀，可将种子掺上细土再播，播后适当压实厢面，再浇水。保护地育苗，在播种后要加盖地膜和盖棚，出苗后立即去掉地膜。在连茬田块，可留部分植株不采收上市，让其开花结籽，散落的种子来年就出苗生长，不用采种、播种。

小常识　马齿苋和大花马齿苋属同科同属，大花马齿苋在公园、苗圃栽培较多，因此经常有人将它叫作马齿苋。但马齿苋是一种很好的野菜，而大花马齿苋则是常见的观赏花卉，种植广泛。

◇ 你还需知道的

（1）马齿苋和大花马齿苋如何区别？

（2）马齿苋是一种很好的野菜，但是开始吃马齿苋时一定要少量。在食用时，应全面了解各种注意事项，避免造成负面的影响。

（3）马齿苋的做法很多，可以发掘一下其各种各样的吃法。

马利筋

拼　音：mǎ lì jīn
拉丁名：*Asclepias curassavica* L.

植物趣事

黑脉金斑蝶俗称帝王蝶，是一种神奇的具备迁徙习性的蝴蝶。每年8月初从加拿大和美国一路向南，穿越落基山脉，飞越4500千米到达墨西哥中部，进行越冬和繁衍后代。来年春季又飞回美国和加拿大。马利筋是帝王蝶幼虫的唯一食物，雌帝王蝶在迁徙途中找到合适的马利筋后才会产卵。幼虫孵化之后，以马利筋的叶片为食。马利筋植物体内含有马利筋强心苷类，毒性大，帝王蝶的幼虫在进食过程中不断地积累毒素，蛹化后的帝王蝶体内含有大量的毒素，据说连鸟都不敢捕捉。

美国科学家发现上百万年来帝王蝶和马利筋之间的演变竞赛。帝王蝶通过食用有毒的马利筋植物保护自己，而同时马利筋也在进化中不断增大自己的毒性，避免蝴蝶幼虫的食用。于是蝴蝶幼虫只好不断提高自身的抗毒能力。经过数百万年的协同进化，在北佛罗里达州地区发现了一种马利筋，毒性非常大，帝王蝶幼虫食用后，近一半都会出现中毒现象。

简介

别名　莲生桂子花、芳草花、金凤花、水羊角。

花语　到处留情。

生物学特性　马利筋（图1）是萝藦科马利筋属多年生草本或亚灌木，在北方作为一年生植物栽培。植株可达1米，茎直立不分枝，含有乳白色汁液，具毒性。叶对生，披针形或椭圆状披针形，全缘。花序呈聚伞状排列，花萼5深裂，被柔毛，内面基部有腺体5～10个；花冠

图1　马利筋

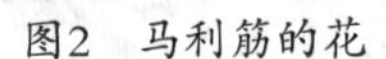
图2　马利筋的花

图3　马利筋的果实

裂片5枚，紫红色，长圆形，反折；副花冠5裂，黄色，着生于合蕊冠上，有柄，内有舌状片（图2）。马利筋的花冠分两层，外层形如小巧红莲，内层如金黄色的桂花，得名“莲生桂子”，与“连生贵子”谐音，得到大家的喜欢。蓇葖果披针形，两端渐尖，长6～10厘米，直径1.0～1.5厘米（图3），如长长的羊角，成熟后裂开，种子带着银白色的长绒毛随风散播。种子卵圆形，先端具长约25厘米的白色绢质种毛。

分布　马利筋原产美洲，中文名源于它的英文名“Milkweed”，意为“乳草”。大约从明朝时引入我国，在清代的《植物名实图考》（1848年）里有记载，现已广布全国。

应用价值

园林景观用途　马利筋花朵小巧玲珑，外层花冠红色，向下弯曲，内层花冠金黄色，矗立呈兜状，十分别致美丽。在岭南地区常年开花，在北方花期可长达数月，极富观赏性，是优良的园林观赏植物。马利筋植株高大，花色艳丽，花期长，适合与其他植物配置，组成花坛和花境（图4）。

药用价值　马利筋的拉丁属名来源于“Asclepius”——阿斯克勒庇俄斯，是西方药神的名字。可见很久之前，马利筋就是一种药用植物，很多国家都有利用马利筋治疗不同疾病的记录。在传入我国之后，在清代《植物名实图考》已有入药记载。

马利筋全草及根入药。现代药物化学分析表明其含有马利筋苷、牛角瓜苷、尖凤尾苷等数十种药用成分。马利筋具有消炎止痛、清热解毒、活血化瘀等功效，可治呼吸系统和泌尿系统炎症，也可以外用治疗湿疹、顽癣和毒蛇咬伤等。

图4 马利筋的景观

其他用途 马利筋还可以作为引蝶植物加以使用。马利筋的叶片是蝴蝶幼虫的食源，其花冠广布蜜腺，全年都在开花，因此马利筋给蝴蝶提供了丰富的食物，是蝴蝶的蜜源植物。

栽培技术

马利筋生性强健，喜光，喜温暖环境。可以用播种、扦插繁殖，春季至秋季均可进行。在生长季节，每1～2个月追肥1次，结合中耕锄草，开花繁茂且艳丽。开花后及时修剪、整枝。在北方地区，不能露地越冬，需作为一年生植物栽培，春季进行播种繁殖。南方地区可作为多年生植物栽培，老化植株春、夏、秋季均可强剪，促使植株复壮。

小常识 马利筋是一种有毒植物，在栽培和观赏时，需要采取适当的防护措施，以避免中毒。

◇ 你还需知道的

（1）马利筋的茎含有乳汁，这种乳汁有一定的毒性。你知道还有哪些植物体内含有乳汁吗？这些乳汁都是有毒的吗？

（2）马利筋是蝴蝶园中优良的蜜源植物，你还知道有哪些蜜源植物吗？

麦蓝菜

拼　音：mài lán cài
拉丁名：*Vaccaria hispanica*（Mill.）Rauschert

美丽的传说

据说王郎率兵追杀主公刘秀，黄昏时来到邳彤的家乡，扬言他们的主子是真正的汉室后裔，刘秀是冒充汉室的孽种，要老百姓给他们送饭、送菜，并让村民腾出房子给他们住。村里的老百姓知道他们是祸乱天下的奸贼，就不搭他们的茬儿。天黑了，王郎见百姓还不把饭菜送来，心中愤怒，带人进村催要。他走遍全村，家家关门锁户，没有一缕炊烟。王郎气急败坏，扬言要踏平村庄，斩尽杀绝。此时一名参军进谏道："此地青纱帐起，树草丛生，庄稼人藏在暗处，哪里去找？再说就是踏平十个村庄也解不了兵将的饥饿，不如赶紧离开此地，另做安顿，也好保存实力，追杀刘秀。"王郎听了，才传令离开了这个村庄。邳彤想到这段历史，就给那些草药起了个名字叫"王不留行"，意思就是这个村子不留王郎食宿，借此让人们记住"得人心者得天下"的道理。

简介

别名　大麦牛、麦蓝子、留行子。

花语　助人为乐。

生物学特征　麦蓝菜为石竹科麦蓝菜属一年生或二年生草本植物。株高30～60厘米，淡绿色或灰绿色。茎中空，为圆筒状，节部膨大。叶片无柄，卵状披针形或披针形，对生，基部圆形或近心形，叶片背面主脉隆起，侧脉不明显。花为伞房状花序，花梗细长，长1～4厘米；花萼卵状圆筒形，具5棱，棱绿色，棱间绿白色。花瓣5枚，淡红色，倒卵形，下部具长爪，顶端常具不整齐的小牙齿（图1）。花期5～6月。蒴果卵形或近圆球形。种子多数，暗黑色，球形，表面密被明显疣状突起。

图1　麦蓝菜的花

麦蓝菜未开之前，圆锥形花萼直立于纤细的花梗上，花萼上的翅状棱仿佛5个伸展出来的小翅膀；开花时节，花萼膨大成球形，紫红色的花苞偷偷探出脑袋，随即绽放，淡红色的花瓣奋力展开，高雅、漂亮，似一个个婀娜多姿的少女。

分布 麦蓝菜原产于欧洲，广泛分布于欧洲和亚洲。我国除华南外，全国都产。常逸生麦田或农田附近成杂草。

应用价值

园林景观用途 麦蓝菜可用作耐阴地被，用于花坛，或盆栽、切花。近年来作为美化植物在公园、园林等地广有种植。

药用价值 麦蓝菜种子入药称留行子，能活血、通经、消肿止痛、催产、下乳。

其他用途 种子含淀粉53%，可酿酒和制醋，也可榨油（用作机器润滑油）。

栽培技术

麦蓝菜为药用植物，种植时选地一般为山地缓坡和排水良好的沙质壤土和黏壤土。麦蓝菜适宜用种子繁殖，在北方地区4月中旬播种，按行距30厘米开浅沟，覆土1.0～1.5厘米，播后稍镇压。若土壤干燥，播后需浇水。苗高5厘米时按株距15厘米左右间苗。生长期间应经常除草。雨季注意排水，追肥以氮肥和磷肥为主。

当种子大多数变黄褐色，少数已经变黑时，将地上部分割回，放阴凉通风处。待种子变黑时，晒干、脱粒，去杂质，再晾干，即可药用。

小常识

现在大部分人都喜欢在自家的阳台上种植一些花花草草，而网络成为了购买种子的有利途径。满天星是人们很喜欢的观花品种，因其与麦蓝菜同属石竹科，长相相似，不易分辨，种子大小也相似。而麦蓝菜种子是王不留行的药材基源，种子市场上数量庞大，价格相对低廉，繁殖量产非常容易，因此有些不良商家故意将麦蓝菜种子当成满天星种子销售给大家，导致大家从网上购买的有些满天星种子播种开花后却是麦蓝菜。

◇ 你还需知道的

（1）麦蓝菜与满天星如何区别？

（2）麦蓝菜为药用植物，在食用之前，我们应该全面了解各种注意事项，知道哪些人群不适宜食用此类植物，避免因误食或食用过量而造成不良的结果。

蒲公英

拼　音：pú gōng yīng
拉丁名：*Taraxacum mongolicum* Hand.

美丽的传说

相传在很久以前，有个少女长得非常漂亮。有一年，不知什么原因乳房又红又肿，疼痛难忍。她母亲知道此事后，以为女儿做了什么见不得人的事。少女见母亲怀疑自己的贞节，无脸见人。事有凑巧，有一个姓蒲老翁和女儿小英正在月光下撒网捕鱼，发现少女在河边来回走动，便问缘由。第二天，小英按照父亲的指点，从山上挖了一种小草，洗净后捣烂成泥，敷在少女的患处，不几天就霍然而愈。此后，少女将这种草带回家栽种，为了纪念渔家父女，便叫这种野草为蒲公英。

简介

别名　婆婆丁、黄花地丁、金簪草等。

花语　开朗、停留不了的爱。

生物学特性　蒲公英为菊科蒲公英属多年生草本植物。株高10～25厘米。叶长圆状倒披针形，逆向羽状分裂，有锯齿，顶裂片较大，基部渐狭成短柄，疏被蛛丝状毛或几无毛。花莛数个，与叶近等长，被蛛丝状毛；舌状花黄色；瘦果，褐色，冠毛白色。

图1　蒲公英

图2　蒲公英的果实

蒲公英是孩子们比较喜欢的一种植物，在成片的绿草丛中，绽放着一朵朵黄色的小花（图1）。花季过后，花冠变成了一个白色绒球，好像棉花一样（图2）。白色的绒球会随风飘散。蒲公英的繁殖不是依靠蜜蜂、蝴蝶等传播花粉，而是依靠风力来传播种子，绒毛飞到哪里，便在那里扎根。

分布　蒲公英在北京各区平原和山地常见，在朝鲜、俄罗斯也有分布。

应用价值

园林景观用途　蒲公英花朵鲜艳亮丽，花量繁多，充满野趣，可作观赏用。近年来培育出新的园艺品种，蒲公英将成为园林地被植物中的新宠。

药用价值　全草含有蒲公英胆碱、菊糖和果胶等，全草入药，能清热解毒、利尿散结，对治疗乳腺炎十分有效。《本草纲目》《神农本草经》《中药大辞典》等历代医学专著均对其给予高度评价。

栽培技术

蒲公英一般生长在路边、宅院、荒地、田间及丘陵地带，适应性很强。一般在4月中旬进行播种。种子的质量要求是籽粒饱满、大小均匀。播种时一般采用条播，按行距25～30厘米，开3～5厘米深的浅沟，然后将种子均匀撒入沟内。覆土不要太厚，用耙子耙平即可。土壤温度适中，15天左右就可以出苗。

小常识

蒲公英属于寒性的食材，味道清苦，可以入肝经、胃经，对于排除肝脏堆积的毒素以及调和养胃有良效，不妨在日常生活中坚持饮用蒲公英泡成的水，可能会收获意想不到的效果。

◇ 你还需知道的

蒲公英与苦苣菜（图3）有什么区别？

两种植物同属菊科植物，苦苣菜植株偏高些，叶柄基部耳状扩大抱茎，花色相近，两者都有清热解毒的功效。

图3　苦苣菜

忍冬

拼　音：rěn dōng
拉丁名：*Lonicera japonica* Thunb.

美丽的传说

传说有一对双胞胎姐妹，姐姐叫金花，妹妹叫银花。姐妹俩慢慢长大，形影不离，十分要好。爹娘很疼爱她们，乡亲们也非常喜欢这对姐妹。忽然有一天，姐姐金花得病了，浑身发热，起红斑，卧床不起。爹娘请大夫给她看病，大夫说：“这是热毒病，自古以来也没有治这种病的药。”妹妹银花整天守候在姐姐身旁，哭得很伤心。姐姐说：“离我远一点吧，这病过人。”妹妹心疼姐姐，对姐姐说：“我恨不得替姐姐得病受苦，还怕什么过人不过人呢？难道姐姐忘啦，咱们有誓在先，生同床，死同葬。姐姐如果有三长两短，我绝不一个人活着。”

没过多久，姐姐的病情加重，妹妹也卧床不起了。她俩对爹娘说：“我们死后，要变成专治热毒病的药草。不能让得这种病的人再像我们一样。”后来，她们俩果真一同死去。乡亲们帮着爹娘把姐妹俩葬在一起。

转年春天，在姐妹俩的坟墓上生出一株带绿叶的小藤。几年之后，这株小藤长得十分茂盛，到了夏天开花时，先白后黄，黄白相间。人们就采花入药，用来治热毒病，果然见效。从此，人们就把这种藤取名为“金银花”。

简介

别名　金银花、金银藤、银藤、鸳鸯藤等。

花语　诚实的爱、真爱、全心全意地把爱奉献给你。

生物学特性　忍冬为忍冬科忍冬属攀缘灌木（图1）。幼枝密生柔毛和腺毛，叶宽披针形至卵状椭圆形。花成对生于叶腋；苞片叶状，边缘具纤毛；萼筒无毛，5裂。花冠二唇形，先白色后变黄色，芳香，外面被柔毛和腺毛；上唇4裂片，下唇反转（图2）。花期6～8月，果期8～10月。

分布　忍冬在全国均有分布。

应用价值

园林景观用途　忍冬花开喜人，纯白的、金黄的，两两相对，美不胜收。可以

图1　忍冬植株

图2　忍冬的花

利用忍冬的缠绕能力制作花廊、花架、花栏、花柱以及缠绕假山石等造景，供观赏。

药用价值　花可入药，具有清凉、散热、抗病毒的作用。

其他价值　花可提制芳香油，茎皮可作纤维。

栽培技术

忍冬适应性强，对气候、土壤要求不严。需阳光充足，在沙质壤土栽培更为适宜。通常用插条繁殖。一般在6～8月选阴天取1～2年生的健壮枝条直接扦插，或育苗后移栽。萌芽期和头茬花采收后要追肥。春季及夏季进行合理修枝，以利于通风透光，促使植株多发新枝，多开花蕾。忍冬的花于5～6月花蕾膨大呈青白色至白色时便可采收。

小常识

忍冬与金银木为同科同属植物，从花的颜色上看非常相似（图3）。金银木树皮可造纸，种子含油量为35.79%，供制肥皂，叶含淀粉。

图3　金银木的花

◇ 你还需知道的

忍冬是一种具有悠久历史的常用中药，始载于《名医别录》，被列为上品。“金银花”一名始见于李时珍《本草纲目》，文献沿用已久。

蜀葵

拼　音：shǔ kuí
拉丁名：*Althaea rosea* Cav.

美丽的传说

蜀葵的传说别具奇幻色彩。相传古时候有位名叫王其祥的人，非常喜欢花草，而其中又独钟蜀葵。有一天，他在花园中睡着了，梦见有一青衣人领他去看仙子的歌舞表演，但见众仙笙歌悦耳、轻舞曼妙，听到精妙之处，蓦然苏醒，只有阵阵凉风吹拂着轻轻摇摆的蜀葵，似乎在对他点头致意。由此，蜀葵的花语就是“梦”。

简介

别名　一丈红、熟季花、戎葵、棋盘花、麻杆花、端午锦。

花语　梦、热爱、平安、温和。

生物学特性　蜀葵为锦葵科蜀葵属多年生直立草本植物，高可达3米多，花呈总状花序顶生（图1、图2），且多为红色，也称“一丈红”。花期6～8月，在麦熟时节开花，故称“熟季花”。花色丰富，盛开时如锦似霞，艳丽夺目，又称为“端午锦”。茎直立，无分枝，茎皮可做纤维，也名“麻杆花”。

蜀葵是生命力极强的花卉，喜光又耐半阴，对于土壤要求不严。花未开始，挺立的茎秆，大大如蒲扇般的叶片，是郁郁葱郁的绿篱；花开时，艳丽缤纷，从

图1　蜀葵的花

图2　蜀葵的花序

下至上依次开放，就变成繁花似锦的花墙。唐代诗人陈标《蜀葵》一诗中写道：“眼前无奈蜀葵何，浅紫深红数百窠。能共牡丹争几许，得人嫌处只缘多。”

分布 蜀葵原产我国，《花镜》中记载“来自西蜀，今皆有之”，叶大如葵，故称蜀葵。

应用价值

园林景观用途 蜀葵高大，健壮，花大，有黄、紫、红、白等色，十分鲜艳，并有单瓣和重瓣品种，6月始花，花期可达3个月，多用作园林背景材料，或者在街道、公路两旁花坛种植（图3），也可用于荒地绿化美化。一些矮生蜀葵品种也可以用花盆种植，或作切花，供花篮、花束等使用。

图3 群植蜀葵

药用价值 蜀葵有很高的药用价值，根、茎、叶、花、种子均可入药，有清热解毒、镇咳利尿之功效。花、叶外用，可以治痈肿疮疡、烧烫伤。

栽培技术

蜀葵栽培管理极为简易，开花前结合除草追施磷、钾肥，可使花大、花多且色彩艳丽。花期控制水分供给，在高温时适当遮阳，可使花期更长。栽培2～3年后，生长势减弱，且品种间容易杂交，需要及时更新。

小常识

蜀葵极易繁殖，秋季采集蜀葵成熟的种子，春季种植后，以后每年都能生长。蜀葵花含红色素，用酒精和热水提取色素后，能为饮料或食品染色。幼嫩的蜀葵苗可以作为蔬菜食用，据说幼嫩的种子和花瓣也可食用。

◇ 你还需知道的

（1）除了蜀葵之外，我们接触到的还有冬葵、锦葵，你知道《诗经·国风·豳风·七月》中“七月亨葵及菽”中的“葵”指的是哪一种吗？

（2）蜀葵原产于我国，有很长的栽培历史，很多文人墨客都以蜀葵为主题创作了很多佳作，你知道有哪些有关蜀葵的诗词吗？

萱草

拼　音：xuān cǎo
拉丁名：*Hemerocallis fulva*（L.）L.

美丽的传说

相传有一位男子，家里十分贫困，于是就出去讨饭吃，因营养缺乏，他浑身浮肿，难以忍受。有一天，他遇到一位热心的婆婆，见他可怜的模样，便拿来蒸好的三大碗萱草花给他充饥。只见他狼吞虎咽，不一会便把三碗萱草花吃得一干二净。几天过后，这名男子身上的浮肿渐渐消退了，他非常感谢婆婆，并表示今后会报答婆婆。不久，人们得知消息后，纷纷用萱草来治病，后来萱草便成为一味常用的中药材。

简介

别名　忘忧草、金针、黄花菜、虎百合等。

花语　永远爱你、忘却一切不愉快的事、放下忧愁。萱草花色鲜艳，被誉为中国的母亲花。相传古时游子在远行前，会在母亲居住的北堂前种上萱草，希望母亲能减轻对孩子的思念，忘却烦恼。

生物学特性　萱草为百合科萱草属多年生草本植物，具有短的根状茎和肉质肥大的纺锤形根。叶基生，排成两列。萱草全株线形。花莛粗壮，有6朵或更多的花，组成圆锥花序；花橘红色或橘黄色，没有香味；花被片6枚，内轮花被片中部有褐红色的彩斑，边缘波状皱褶，盛开时裂片反曲；雄蕊和花柱均外伸（图1）。花期5～8月。

分布　萱草原产于我国南部，全国各地均有栽培，日本和东南亚等地也有栽培。

图1　萱草的花

应用价值

园林景观用途 萱草花色鲜艳，在园林中用于花境或路边栽培，供观赏（图2）。

药用价值 萱草花蕾可作蔬菜，叶、根可作为中草药，具有清热利尿、凉血止血的功效。

图2 萱草的景观

栽培技术

萱草宜采用分株繁殖，选健壮、无病虫害的完整株丛，在花蕾采收完到秋苗抽生前挖取株丛的1/2分蘖作为种苗，连根从株丛中分开，将长条肉质根剪短就可以种植。一般多采用宽窄行栽培，合理密植可发挥群体优势。

小常识

萱草与康乃馨（图3）是不同科属的植物，萱草为百合科萱草属植物，康乃馨为石竹科石竹属植物（它的真名叫香石竹）。萱草在中国有几千年的历史，为中国的母亲之花。而康乃馨为母亲节的礼物，在1914年美国国会通过决议：把每年5月的第二个星期日定为全国母亲节，以表示对所有母亲的崇敬和感激。

图3 康乃馨

◇ 你还需知道的

中外母亲花——萱草与康乃馨有什么区别？分别代表的含义是什么？

射干

拼　音：yè gàn
拉丁名：*Belamcanda chinensis*（L.）DC.

美丽的传说

从前，有个樵夫住在衡山脚下，以砍柴为生，樵夫有个双眼失明的老母亲，生活过得很是艰难。

这年夏天，樵夫感冒了，咽喉疼痛，全身无力，已经有几天没有上山砍柴，家里也已经没有米下锅。樵夫是远近闻名的大孝子，他从邻居家里借来一碗米煮粥给母亲吃，而自己却不舍得吃一口，拖着虚弱的身体，挣扎着上山去砍柴。

衡山山谷中有口清澈的山泉，泉边住着一位美丽善良的蝴蝶仙子。仙子每天都给泉边的花草浇水，因此泉边的花草比其他地方的要漂亮茂盛。这天，樵夫砍柴到了泉边，由于身体虚弱，加之没有吃饭，便晕倒在了泉边。等他醒来时，发现自己躺在万花丛中，旁边有很多非常漂亮的像蝴蝶的花朵。由于饥饿难忍，樵夫就忍不住吃了一棵，虽然味道苦涩，但吃过后有股甜甜的感觉，嗓子有种清凉感。没过多久，樵夫的嗓子好了很多，精神也比之前要好，于是他又吃了一棵，之后他的嗓子和感冒就完全好了。这时仙子来到他的身边，告诉他这种花叫做射干，能治疗咽喉疼痛。樵夫感谢仙子治好了他的病，由于担心家中的老母亲，道谢后便急着回去。仙子被他的孝心所动，便送给他很多种子，并告诉他怎么种植这些花草和这些花草的功效。

樵夫回去后按照仙子教的方法种出了很多的草药，不仅免费地施与乡亲们，还毫不保留地教会了乡亲们怎么种植这些草药。从此，樵夫和乡亲们靠这些草药过上了衣食无忧的生活。

简介

别名　乌扇、乌蒲、夜干、乌翣、乌吹、草姜。

花语　诚实，幸福逐渐到来。

生物学特性　射干为鸢尾科射干属多年生草本植物。根状茎匍匐生长，茎高30～90厘米。叶柄2裂，扁平，剑形，多脉。花序聚伞形，顶生，叉状分枝，每个分枝的顶端聚生有数朵花；花被片6枚，2轮排列，内轮3枚较外轮3枚稍短小，外轮先端向外反卷，花被橘黄色，具紫红色斑点；雄蕊3枚，着生于外花被片的基部，外向开裂；花柱单一，上部稍扁，先端3裂，具细短毛（图1）。蒴果，长椭圆形或倒卵形，常残存在凋萎的花被内（图2）；种子黑色，近圆形，具光泽。花期6～8月，果期7～9月。

图1　射干的花

图2　射干的果实

射干花未开时，长圆锥形的花蕾分布在纤细的茎秆上，昂首挺胸，像小战士。待到花蕾绽放，橘黄色的花瓣展开，点缀着紫红色的斑点，花冠似彩蝶，风动时翩翩起舞，俨然彩蝶环绕周身，颇引人遐想。花朵凋谢之时，花瓣完全合拢并扭曲旋紧，像为自己梳理了一根根小辫，俏皮可爱。

分布　射干原产于我国和日本，我国各地常见栽培。

应用价值

园林景观用途　射干挺拔的茎叶、漂亮的花朵勾勒出良好的景观效果（图3）。它对环境条件要求不严，适应性强，观赏价值高，常用作基础栽植，或作花坛、花境的配植材料，也可用作切花。

药用价值　射干的根状茎可药用，味苦、性寒、微毒，能清热解毒、散结消炎、消肿止痛、止咳化痰，用于治疗扁桃腺炎及腰痛等症状。

栽培技术

射干多采用根茎繁殖。在1月下旬，将作种用的射干挖出，选生长健壮、鲜黄色、无病虫害的根茎，按每2～3个芽和部分须根切成4厘米长的根段。栽时，

图3　射干的景观

在整好的畦面上，按行距25～30厘米、株距20～25厘米挖穴，深15厘米，穴底要平整，挖松底土，在挖好的栽种穴内施入拌好的细土。每穴栽种1～2段种根，随即盖上6～7厘米厚的细土，稍压紧并浇透水，再覆细土至与畦面平，随即覆盖地膜，50天左右便可出苗。此时要及时破膜放苗，防止高温烧苗。

小常识

射干利咽口服液是小儿急性咽炎的常用药，许多宝妈应该都有所了解，顾名思义，此药成分里便有射干。射干始载于《神农本草经》，古人说的射干、鸢尾，历代本草所指花色红黄的即是射干，而色紫碧者即是鸢尾。

◇ 你还需知道的

（1）射干、鸢尾的根茎均可入药，但其药用价值有所不同，仍需进一步探讨。

（2）在平时使用射干时，应将其药效、药理分辨清楚，最好在咨询专业医生的建议后食用，才最安全。

鱼腥草

拼　音：yú xīng cǎo
拉丁名：*Houttuynia Cordata* Thunb.

植物趣事

据说在一个偏僻的小村，有一个老人患了重病，高烧、咳嗽、咳脓血不止，但是不孝的儿子和儿媳妇不但不给老人治病，还怪老人装病。好心的邻居实在看不下去，便送来一条鱼让他们给久病不愈的母亲补补身子。夫妻俩表面上答应着，背地里却瞒着老人连鱼带汤吃了个精光。儿子怕邻居再来看母亲时露馅儿而影响面子，便到山坡上采来了一种有鱼腥味的野菜，煮了骗母亲说是鱼汤。善良的母亲信以为真，喝了一碗又一碗，不料，病竟奇迹般地好了。后来，这件事还是传了出去，人们在纷纷谴责这对不孝夫妻的同时，也知晓了这种野菜的药性，也由此将其唤为“鱼腥草”。

历史上，鱼腥草曾作为一种救命草，拯救了遭受原子弹之害的广岛无辜平民。1945年8月6日，美国在日本广岛投掷原子弹，许多暂时生存下来的人都得了放射病。在缺医少药和西医医治无效的情况下，当地居民纷纷采集鱼腥草自救。服用者中有11人幸存，以后都健康地生活着。

简介

别名　岑草、蕺、菹菜、蕺菜、侧耳根、臭菜。

生物学特性　鱼腥草为三白草科蕺菜属多年生草本植物，因其茎叶搓碎后有鱼腥味，故名鱼腥草。鱼腥草植株矮小，茎下部伏地或作地下根状茎生于浅层土壤中，白色，节上生根。茎上部直立，叶心形或宽卵形，常见绿色，偶有紫色（图1）。花小，夏季开，无花被，穗状花序长约2厘米，总苞片4枚，生于总花梗之顶，白色，花瓣状（图2）。

图1　鱼腥草

分布 鱼腥草广泛分布在我国南方各地，西北、华北部分地区及西藏也有分布，常生长在背阴山坡、村边田埂、河畔溪边及湿地草丛中。

图2 鱼腥草的穗状花序

应用价值

园林景观用途 鱼腥草植株矮小，叶色嫩绿，叶形美丽，可作为地被植物栽培。

药用和食用价值 鱼腥草也是一种有特点的食用植物和药用植物，可以栽培在草药园和食用植物区。

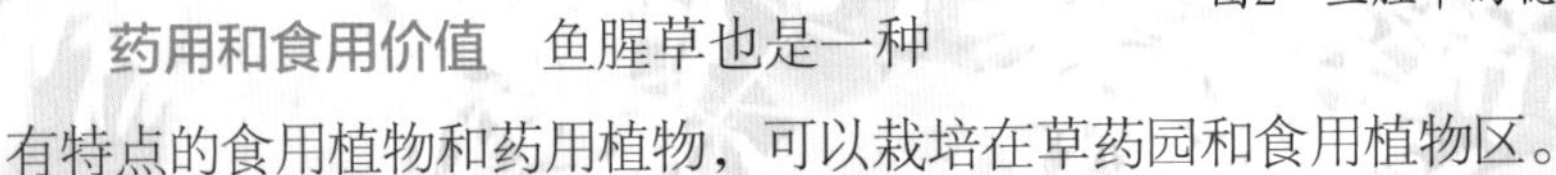

鱼腥草是天然的抗菌药，我国民间很早就有利用鱼腥草治疗扁桃体炎、喉炎、咽炎、感冒的记载。贵州、云南的很多少数民族都能熟练地利用鱼腥草治疗各种炎症引起的疾病。在历代本草著作也有专门针对鱼腥草的论述，如《本草纲目》中记载鱼腥草可以散热毒痈肿。现在的研究表明，在鱼腥草中提取得到一种黄色油状物——鱼腥草素，对各种微生物（尤其是酵母菌和霉菌）均有抑制作用，其中对溶血性的链球菌、金黄色葡萄球菌、流感杆菌、卡他球菌、肺炎球菌有明显的抑制作用，对大肠杆菌、痢疾杆菌、伤寒杆菌也有作用。

小常识

鱼腥草可作为野菜蔬食，煮过就没有腥味。在云南、贵州和鄂西各地，鱼腥草是一种凉菜的原料，主要食其根茎。方法是洗干净后切段，拌酱油、辣酱、葱、盐食用，口感比较独特，初食者需要适应后才会喜欢吃。在四川，鱼腥草也叫猪鼻拱，除了利用根茎做凉拌菜或炒菜之外，还将叶子当作蔬菜。在越南、老挝，鱼腥草的叶子是很重要的作料。日本少数农村家庭也偶尔摘其叶子作为油炸菜的一种材料。

◇ 你还需知道的

（1）鱼腥草是一种美味的野生蔬菜，你还知道我们经常食用哪些野生植物吗？

（2）鱼腥草是天然的抗菌药，对咽炎、感冒具有良好的作用，你还知道哪些植物可以用作药用吗？它们有什么样的效果呢？

玉簪

拼　音：yù zān

拉丁名：*Hosta plantaginea*（Lam.）Aschers.

美丽的传说

宋代诗人黄庭坚有诗道：“宴罢瑶池阿母家，嫩惊飞上紫云车。玉簪落地无人拾，化作江南第一花。”相传西王母常常邀请众仙饮宴，一日，西王母又宴请，仙女们饮着玉液琼浆，欣赏着轻灵飘逸、绕梁三晖的歌舞，不知不觉喝得酩酊大醉。宴罢，仙女们醉颜微酡，乘着紫云车纷纷离开。仙女的玉簪掉落云霄后落到地面，长出了叶如长玉盘，散发着清淡香味、如玉簪似的花朵，这就是江南第一花——玉簪（图1）。

图1　形似玉簪的花苞

简介

别名　白萼、白鹤仙、玉春棒、金销草。

花语　恬静，宽和。

生物学特征　玉簪是百合科玉簪属多年生草本植物，根状茎粗壮，叶基生具长柄，叶脉弧形。7月花茎从叶丛中抽出，高出叶片，9～15朵花组成总状花序，白色，具香气。“花未开始，其形如玉搔头簪，洁白如玉。”花开放时，细长的

图2　玉簪的花

图3　玉簪的果实

花被筒，先端6裂，呈漏斗状（图2）。蒴果圆柱形（图3），成熟时3裂，种子黑色，顶端有翅。

分布 玉簪原产于我国，广泛分布在山沟及林下阴湿地。

应用价值

园林景观用途 玉簪是重要的耐阴花卉，园林中可植于林下作地被，或者在建筑物庇荫处以衬托建筑，或配植于岩石边，也可盆栽。玉簪花香叶美，是园林绿化的极佳材料（图4）。叶片可作插花作品的配叶，或将花朵摘下，顶朝外圆形排列于水盘中，置室内，其色美如玉，芳香沁人心脾。

图4 群植玉簪

药用价值 玉簪全株均可入药，花入药具有利湿、调经止带之功效，根入药具有清热消肿、解毒止痛之功效，叶能解毒消肿。

栽培技术

玉簪是典型的喜阴花卉，栽培地一定要选择荫蔽的环境，并选择肥沃湿润而且排水良好的沙质土壤。在北京地区，可正常越冬。常用分株法进行繁殖，4～5月或10～11月均可进行。将玉簪宿根挖出，每3个芽为一新株进行切割栽培，可栽在基肥充足的露地或盆中，浇透水。

小常识

玉簪的嫩芽可食，花还可提制芳香浸膏。玉簪食用的记载始见于明代，《遵生八笺·饮馔服食》载：“玉簪，采半开蕊，分作2片或4片，拖面煎食。若少加盐，白糖入面调匀拖之，味甚香美。”又在《四时花纪笺》记载：“玉簪花二种，春初移种肥土中，则茂。其花瓣拖麪妙，糖霜煎食，香清味浓，可入清供。”

◇ 你还需知道的

（1）玉簪是中国传统的观赏花卉，有很多的诗词歌颂它，你知道哪些诗词？

（2）玉簪是典型的耐阴花卉，可以种植在墙角，你还知道哪些植物喜欢荫蔽吗？

圆叶牵牛

拼　音：yuán yè qiān niú

拉丁名：*Ipomoea purpurea*（L.）Roth

美丽的传说

相传古时在河南境内有座伏牛山，山下的村子里住着一对勤劳善良的孪生姐妹，她们在刨地时刨出一个白光闪闪的银喇叭。神仙告诉她们说："金牛山里有一百头金牛，这个喇叭就是开金牛山的钥匙。打开山门以后，你们进去抱回一头金牛，可吃喝一辈子了。但有一条，不能用嘴吹，一吹，金牛就会变成活牛跑出来。"姐妹俩想了半天，最后决定把金牛变成活牛，分给穷苦的乡亲们。于是，姐妹俩把这件事告诉了乡亲们，并打开了山门。进去一看，果然有一百多头金牛。姐妹俩拿起喇叭就吹，随着喇叭的声响，金牛变成了活牛，顺着山洞向外冲，到最后一头牛的时候，却被卡在山洞口。姐妹俩怕金牛卡在山洞里，又跑了回去，用力把牛推了出来。她俩刚准备出山门，可山门已经闭合，然后姐妹俩被太阳一照，变成了一朵喇叭花。人们为了纪念这俩姐妹，就把这朵喇叭花称为牵牛花。

简介

别名　牵牛花、喇叭花、打碗花、连簪簪。

花语　短暂的爱、结束、冷静、虚幻。

生物学特性　圆叶牵牛是旋草科牵牛属一年生缠绕草本植物。缠绕茎上生有短柔毛和杂长硬毛。叶片顶端尖而基部圆，整体呈心形或宽卵状心形，通常全缘，偶有3裂（图1）。花期6～9月，花腋生，1朵或2～3朵着生于花序梗顶端，花序梗比叶柄短；苞片线形，长6～7毫米，生有长硬毛；花梗长1.2～1.5厘米，被倒向短柔毛及长硬毛；萼片近等长，长1.1～1.6厘米，外面均有硬毛，基部更密；花冠漏斗状（图2），长4～6厘米，多紫红色、红色或白色，花冠管通常白色，外面色淡；雄蕊与花柱内藏；雄蕊不等长，花丝基部被柔毛。果期7～10月，蒴果球形，直径9～10毫米，3瓣裂（图3）。种子卵圆三棱形，似橘瓣状，长4～8毫米，宽3～5毫米，表面灰黑色（黑丑）或淡黄白色（白丑）。

图1　圆叶牵牛的叶片

图2　圆叶牵牛的花

圆叶牵牛的茎虽然柔软不能直立，但是却有强大的力量缠绕在身边的栏杆或植物枝干上，努力向上生长，片片翠绿色的心形叶子跟随着缠绕茎延伸到各个方向，最终变成一面绿墙。圆叶牵牛的花蕾像个小小的棒槌，每天清晨会伴着太阳的升起盛开成彩色的小喇叭。小喇叭状的花冠很轻、很薄，在微风吹拂下摇摇摆摆，显示出极强的生命力。可一旦光线太强或遇到大风天气，牵牛花就会很快枯萎凋谢。

图3　圆叶牵牛的果实

分布　圆叶牵牛在我国大部分地区有分布，生于平地至海拔2800米的田边、路边、宅旁或山谷林内，栽培或为野生。

应用价值

园林景观用途　圆叶牵牛生命力强且极具野趣，经常会在不经意间从一个角落里“惊艳亮相”。利用现代园艺技术已培育出多种花色的品种应用于园林景观和家庭观赏之中，不仅是篱垣棚架垂直绿化的良好材料，也适宜盆栽观赏，摆设于庭院或阳台。

药用价值　牵牛子是圆叶牵牛所结的种子，为常用中药，性寒、味苦，有毒，具泻水消肿、祛痰逐饮、杀虫攻积的功效，属峻下逐水类药物。用于治疗水肿胀满、二便不通、痰饮积聚、气逆喘咳、虫积腹痛。

栽培技术

圆叶牵牛以种子繁殖，于4～5月播种。播种前翻土做畦（如利用篱边、墙边、田埂等地种植，则不需做畦）。按株距30厘米、行距40厘米开穴，每穴播种子4～5粒。播后覆细土一层，以种子不露出为宜。种子发芽后，幼苗长真叶2～3片时进行间苗和补苗，亦可进行移植。每穴保留2～3株为宜。在藤蔓尚短时，可以进行松土除草1～2次。至藤蔓较长时，需设立支柱。圆叶牵牛适当施肥有助于旺盛生长，可在生长前期施以人粪尿、硫酸铵等氮肥，后期多施草木灰、骨粉等磷、钾肥。

小常识

其实，大家现在在城市中能见到的牵牛通常有3种，在植物学上的名称分别是：牵牛、裂叶牵牛、圆叶牵牛。这3种牵牛的花色都很多样，花型也很接近，所以想分辨出它们最简单的方法就是看叶子。牵牛和裂叶牵牛的叶片均为3裂，二者的区别又在于牵牛的裂叶其中间裂片内凹（图4），裂叶牵牛的裂叶其中间裂片不内凹，而圆叶牵牛从名字就可以想象出它的叶子是类似圆形的，没有分裂而且叶片边缘圆润平整。

图4　牵牛

◇ 你还需知道的

（1）牵牛子在中药中还有几个有趣的名字——黑丑、白丑和二丑，你知道它们的区别吗？

（2）圆叶牵牛原产地在遥远的热带美洲，可在400多年前，我国的名医李时珍就已经开始用它的种子给百姓治病了。圆叶牵牛这种植物是如何传播到我国并被发现它可爱的花朵结出的不起眼的小种子具有药用价值的呢？

知母

拼　音：zhī mǔ
拉丁名：*Anemarrhena asphodeloides* Bge.

美丽的传说

从前有位孤寡老太太，年轻时靠挖药为生，把采来的药草都送给了有病的穷人。老太太的年龄越来越大，决定沿街讨饭，并把认药的本领传授给可靠的人，了却自己的心愿。

一天，她来到一个村落，向众人们诉说了自己的心事。没多久，有位商人愿意认老太太当干妈，想利用老太太的本领赚大钱。于是商人接老太太回家，好吃好喝招待，但过了一段时间后，仍不见老太太谈传药之事，便把老人赶出了家门。

于是老太太又开始沿街讨饭，这年冬天，她蹒跚来到一个偏远山村，因身心憔悴，摔倒在一家门外。主人听到响声后急忙赶到门外，把老太太搀进屋里，问清原因，急忙给老太太做了饭菜。老太太吃过饭后要走，被主人拦住了，说："这大冷的天，您上哪儿去呀？"当老太太说还要去讨饭时，善良的两口子十分同情，劝她住下来。老人迟疑了一下，最后点了点头。转眼春暖花开。一天，老太太试探着说："老这样住你家我心里过意不去，还是让我走吧。"主人急了："您老没儿女，我们又没了老人，咱们凑成一家子过日子，我们认您当妈，这不挺好吗?"老太太落泪了，终于道出了详情。就这样过了3年多的幸福时光，老太太已经到了80岁的高龄。

这年夏天，她突然对男主人说："你背我到山上看看吧。"男子便愉快地答应了老太太。当他们来到一片野草丛生的山坡时，老太太下地，坐在一块石头上，指着一丛线形叶子、开有白中带紫条纹状花朵的野草说："把它的根挖来，这是一种药草，能治肺热咳嗽、身虚发烧之类的病，用途可大啦。孩子，你知道为什么直到今天我才教你认药么？"男子说："娘是想找个老实厚道的人传他认药，怕居心不良的人拿这本事去发财，去坑害百姓！"老太太点了点头："孩子，你真懂得娘的心思。这种药还没有名字，你就叫它'知母'吧。"

后来，老太太又教男子认识了许多种药草。老太太故去后，男子一直牢记老太太的话，真心实意为穷人送药治病。

简介

别名　蒜瓣子草、连母。

生物学特性 知母为百合科知母属多年生草本植物（图1）。根状茎粗壮，为残存的叶鞘所覆盖。线形叶基生，先端渐尖，基部渐宽而成鞘状，平行脉。花莛比叶长得多，花排成总状花序，苞片小，卵形或卵圆形，花为粉红色、淡紫色至白色（图2）；蒴果，花期5～7月，果期7～9月。

图1 知母植株

图2 知母的花

分布 知母产于我国和朝鲜，在北京郊区分布较普遍。

应用价值

园林景观用途 知母在干旱少雨的荒山、荒漠、荒地中都能生长，是绿化山区和荒原的首选品种。

药用价值 知母的根状茎为著名的中药，具有滋阴降火、润燥滑肠的作用。

栽培技术

知母适应性很强，对土壤要求不严格。可采用种子繁殖和分株繁殖。

（1）种子繁殖。春播在"清明"到"谷雨"之间，冬播在"立冬"前后为宜。春播在播前半个月，将种子用60℃温水浸泡4～8小时，播时，在整好的畦面上，按行距15～18厘米开1厘米多深的沟，将种子均匀地撒于沟内，覆土盖平稍加镇压。地温18～20℃，播后约半个月出苗。冬播的年前不出苗。

（2）分株繁殖。在整好的地里，按行距15厘米、株距12厘米挖6～9厘米深的穴，将芽头平放于穴内，覆土压实。冬季栽植的，为使芽头安全越冬，在每株上培6～9厘米高的土堆。春季栽的覆土盖平即可。

小常识

知母与贝母同为百合科草本植物，但它们的形状与药效有所不同。知母可滋阴降火、润燥滑肠，贝母有润肺止咳、化痰平喘、清热化痰之功效。

◇ 你还需知道的

知母与贝母有何不同？

知母为根状茎，贝母为鳞茎圆锥形。欲更深入了解这两种植物的性状特征，请自己探究一下吧！

紫苏

拼　音：zǐ sū
拉丁名：*Perilla frutescens*（L.）Britt.

美丽的传说

据说在重阳节的时候，华佗带着徒弟去一个酒铺里喝酒，看见几个少年在比赛吃螃蟹，他们吃了很多，华佗觉得螃蟹性寒，吃多了可能会生病，便劝他们少吃。那些少年吃得正欢，根本听不进去，还出言讽刺，认为华佗是馋了。华佗很生气，他对掌柜说不能再卖给他们螃蟹了，吃多了怕出人命。可是酒铺老板想多赚些钱，根本不听华佗的话，还说就是出了事也和华佗无关，于是华佗只好坐下来喝自己的酒。

过了一段时间，那些少年突然都说自己肚子疼，疼得十分厉害。酒铺的老板吓坏了，就问是怎么回事，他们便说这些螃蟹是不是有毒，让他请个大夫来看看。此时，华佗就表明了自己大夫的身份，并告诉他们得的是什么病。那群少年赶紧央求华佗相救。华佗让他们答应从今以后要尊重老人，才给他们治病，少年们一口答应。华佗和徒弟离开酒铺，徒弟说自己可以回家取药。华佗就告诉徒弟不用回家，去挖些紫叶草给他们吃就行了。华佗和徒弟很快就采回一些紫叶草，让酒铺的老板熬了几碗汤给少年们喝，不一会儿，他们的肚子就不疼了。他们十分感激华佗，向他表示感谢，并且到处向人们宣传华佗的医道如何高明。华佗也告诫老板以后千万不要只顾赚钱，老板连连点头称是。

华佗的徒弟问华佗是怎么知道这些紫叶草可以治螃蟹的毒的，华佗说自己想起之前看到水獭吃紫叶草治病的事情。有一次，华佗和徒弟去采药，看见一只水獭吃多了十分难受，就吃了些紫叶草，不一会儿就好了。这是因为鱼和螃蟹一样是属凉性的，而紫叶草属温性，可用紫叶草解毒。徒弟顿时就开了窍。

此后，华佗把紫叶草制成丸，散发给人治病，他发现这种草还具有其他的功效。因为这种紫叶草吃到肚子里很舒服，后来就给它起名叫“紫舒”，慢慢就演变成了“紫苏”了。

简介

别名 桂荏、白苏、赤苏、红苏、黑苏、白紫苏、青苏、苏麻、水升麻。

花语 信仰心。

生物学特性 紫苏是唇形科紫苏属一年生直立草本植物。茎绿色或紫色，钝四棱形，具四槽，密被长柔毛。叶阔卵形或圆形，长7～13厘米，宽4.5～10.0厘米，先端短尖或突尖，两面绿色或紫色（图1）；花紫红色，雄蕊4枚，花丝扁平，花药2室（图2）。小坚果近球形，灰褐色，直径约1.5毫米，具网纹。花期8～11月，果期8～12月。

图1 紫苏的叶片

图2 紫苏的花

紫苏植株挺拔苍劲，叶片多姿多彩，活像飒爽英姿的警察，保卫着自己的领土。开花时节，淡紫色的小花镶嵌在轮伞花序上，犹如一颗颗紫色的宝石。

分布 紫苏在全国各地广泛栽培。不丹、印度、中南半岛，南至印度尼西亚（爪哇），东至日本，朝鲜也有分布。

应用价值

园林景观用途 紫苏植株挺拔，叶片大且多彩，可用于盆栽观叶或庭园点缀。

药用和食用价值 紫苏在我国栽培极广，供药用和香料用。入药部分以茎、叶及子实为主，叶为发汗、镇咳、芳香性健胃利尿剂，有镇痛、镇静、解毒作用，治感冒，对因鱼、蟹中毒之腹痛呕吐者有卓效；梗有平气安胎之功效；子实能镇咳、祛痰、平喘、振奋精神。叶又供食用，和肉类煮熟可增加其香味。

栽培技术

紫苏最好选择在阳光充足、排水良好的疏松肥沃的沙质壤土栽培。在畦内进行条播，按行距60厘米开深2～3厘米的沟，把种子均匀撒入沟内，覆薄土。播后立即浇水，保持湿润。苗高15厘米时，按30厘米定苗，多余的苗用来移栽。

采收紫苏叶用药应在7月下旬至8月上旬，采收子实应在9月下旬至10月中旬种子成熟时。在采种的同时注意选留良种，选择生长健壮、产量高的植株，等到种子充分成熟后再收割，晒干脱粒，作为种用。

小常识

我们经常在各种菜肴中发现颜色为紫色的叶子，闻起来有一股淡淡的清香，这就是紫苏的叶子。其实紫苏全身都是宝，紫苏叶、紫苏梗、紫苏子为三味中药，故有时将其简称为“全紫苏”。

◇ 你还需知道的

（1）紫苏的功效很多，在食用时可能有个别人群出现口干舌燥的症状，但是不用担心，这种副作用时间短，对人体没有伤害。

（2）紫苏的服用也有禁忌，最好咨询专家后食用。

2 木本植物趣事多

刺楸

拼　音：cì qiū

拉丁名：*Kalopanax septemlobus*（Thunb.）Koidz.

植物文化

南宋朱弁撰写的《曲洧旧闻》曰："药有五加皮，其树身乾皆有刺，叶如楸，俗呼之为刺楸，春採芽可食，味甜而微苦，或谓之苦中甜云，食之极益人。"自古以来，刺楸的嫩芽（图1）就是难得的美味。剥了嫩芽的皮，蘸上大酱，吃法简单豪迈，原汁原味；也可切得细细的，与鸡蛋同炒，黄、绿相衬，色味俱佳。如此简单的加工手法，因为其天然、绿色，加上其不逊色于土当归的营养价值，深受食客的欢迎，价格也节节攀升。只要花一点点时间采摘，就可以收获十几倍的利润，促使当地人一到春季就大肆采摘。春天开花的刺楸花芽在上一年的夏天开始形成，花芽包裹在春天的嫩芽里。采摘嫩芽就等于去除花蕾，也就等于减少了种子的产生。经过了十几年，野生的刺楸越来越少，以至于遍布山野的刺楸在山东已被列为省级的珍稀濒危植物，需要人们的特殊保护。可见食客队伍的强大，嘴的厉害。

图1　刺楸的嫩芽

简介

别名　鼓钉刺、刺枫树、刺桐、云楸、茨楸、棘楸、辣枫树。

花语　生人勿近、天然美味。

生物学特性　刺楸为五加科刺楸属乔木，可以长到3层楼高，最高的可以达到10层楼高。粗度可达到70厘米以上，和冰箱的宽度差不多。树皮是棕色系，老的是暗灰色，嫩的是淡黄或灰棕色。小树枝上长满了密密麻麻的刺（图2）。刺的长度大约1厘米，茁壮的小枝上刺可达到1.5厘米。叶片在长枝上互生，在短枝上簇生，上面有5～7浅裂，比成年男子的手掌还要大。叶片上还有5～7条主脉。叶柄又细又长，最短的也有8厘米，最长的可达0.5米（图3）。

图2　刺楸的刺

图3　刺楸的叶

刺楸的花为素雅的白色或者淡绿色。每朵花的5枚萼片、5枚花瓣是毫米级别的，小得可以忽略不计。圆锥花序大，长15～25厘米，直径20～30厘米；伞形花序直径1.0～2.5厘米，有花多数；总花梗细长，长2.0～3.5厘米，无毛；单花梗细长，无关节，无毛或稍有短柔毛，长5～12毫米；萼无毛，长约1毫米，边缘有5小齿；花瓣5枚，三角状卵形，长约1.5毫米；雄蕊5枚，花丝长3～4毫米；子房2室，花盘隆起；花柱合生成柱状，柱头离生。成熟的果实蓝黑色，果实顶端有2个弯曲的小钩，那是宿存的柱头（图4）。花期7～10月，果期9～12月。

图4　刺楸的果实

分布　刺楸在我国分布广，从它的别名使用的区域上可见一斑。在绿波汹涌、一望无际的东北大兴安岭，在小桥流水、青山绿水的江浙，在云山叠翠、四季如春的广东，都可以见到它的身影。

应用价值

园林景观用途　刺楸叶形美观，色泽浓绿，树干通直挺拔，满身的硬刺在各种园林树木中独树一帜，既能体现出粗犷的野趣，又能防止人或动物攀爬破坏，适合作行道树或园林配植。

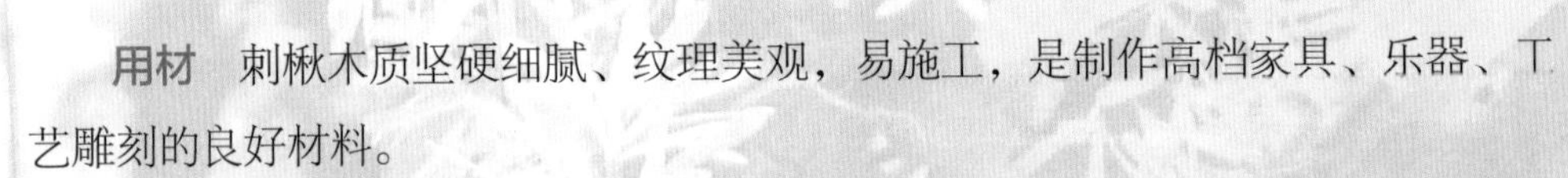

用材 刺楸木质坚硬细腻、纹理美观，易施工，是制作高档家具、乐器、工艺雕刻的良好材料。

药用和食用价值 树根、树皮可入药，有清热解毒、消炎祛痰、镇痛等功效。春季的嫩叶可供食用，气味清香、品质极佳，是著名的野菜，在我国的东北、朝鲜、韩国、日本有着很高的知名度。

栽培技术

在秋季果实成熟后摘取果实，取出种子进行沙藏。第二年的3月在室外整好的苗床上开1.3米宽的畦，深约7厘米，播幅10～13厘米，每667平方米用种子15～20千克，播后覆盖一层草木灰，然后再覆细土2厘米，浇透水，以后保持土壤湿润。苗出齐后可追肥一次，注意清除杂草，以后在6月、8月、11月各进行一次中耕。第三年的3月、5月再进行一次中耕，并在11月和次年的3月各追肥一次，肥料以腐熟的稀薄人畜粪或饼肥水为主。培育2年后，当苗高1米左右时进行移栽。

小常识 刺楸的枝条上长满了刺，古人用“鸟不宿”来形容。

◇ 你还需知道的

刺楸为什么又称为“鸟不宿”？

海棠

拼　音：hǎi táng
拉丁名：*Malus spectabilis*（Ait.）Borkh.

植物文化

海棠是我国的传统名花之一，明清时多栽于寺院和皇家园林。海棠树姿潇洒，花开似锦，素有“国艳”之誉，历代文人墨客对其题咏不绝。文学中的海棠一般指植物分类中的西府海棠和海棠花。《明皇杂录》记载：唐明皇登沉香亭，召杨贵妃，而此时贵妃却酒醉未醒，遂命高力士使侍儿扶掖而至。妃子醉颜残妆，鬓乱钗横，不能再拜。唐明皇笑曰：“岂妃子醉，直海棠睡未足耳！”“海棠春睡”的典故由此而来。在我国四大名著《红楼梦》中，曹雪芹多次将美人与海棠联系在一起，在第五回里提到秦可卿房中挂有唐伯虎的《海棠春睡图》，第十七回至第十八回中提到“崇光泛彩”和“红妆夜未眠”。宋代诗人刘子翠用“幽姿淑态弄春晴，梅借风流柳借轻，几经夜雨香犹在，染尽胭脂画不成”的诗句形容海棠似娴静的淑女，因此海棠集梅、柳的优点于一身，妩媚动人，即使在雨后清香犹存。2009年4月24日西府海棠被选为陕西宝鸡的市花。

简介

别名　海棠花。

花语　温和、美丽。

图1　海棠

生物学特性　海棠为蔷薇科蔷薇属乔木，高可达8米（图1）。叶片椭圆形至长椭圆形，先端短渐尖或圆钝，基部宽楔形或近圆形，边缘有细锯齿，有时近于全缘，嫩时上、下两面具稀疏短柔毛，老叶无毛；托叶膜质，窄披针形。伞形花序，有花4～6朵，花梗长2～3厘米，具柔毛；萼筒外面无毛或有白色绒毛；萼片三角卵形；花瓣卵形，基部有短爪，淡粉至白色（图2）。果实近球形，直径2厘米，黄色，萼片宿存（图3）。花期4～5月，果期8～9月。

分布 海棠产于河北、山东、陕西、江苏、浙江、云南。生长于平原或山地，海拔50～2000米。

图2 盛开的花朵

图3 海棠的果实

应用价值

园林景观用途 海棠树姿优美，春花烂漫，芳香袭人，入秋后红果满树。宜孤植于庭院前后，或丛植于草坪角隅。海棠是制作盆景的材料，切枝可供插花用。

用材 海棠木材坚硬，可供床柱用。

食用价值 果实经蒸煮后可做成蜜饯；花可为糖制酱的作料，风味很美。

栽培技术

海棠喜光、耐寒、耐旱、怕涝。通常以播种或嫁接繁殖为主，也可用分株、压条及根插等方法繁殖。嫁接常用山荆子作砧木，可枝接、芽接。

小常识

海棠花与西府海棠同属于蔷薇科苹果属，二者外形非常相似，因此经常有人将其混淆。但当结果时，非常容易辨识。前者的果实成熟时为黄色，萼片宿存，而后者的果实成熟时为红色。

◇ 你还需知道的

《群芳谱》中记载，海棠有西府海棠、垂丝海棠、贴梗海棠、木瓜海棠4种，那这 4 种植物分别指的是分类学上的哪4种植物呢？

合欢

拼　音：hé huān
拉丁名：*Albizia julibrissin* Durazz.

植物文化

自古以来，合欢便被视为吉祥之树，无数文人墨客将其作为吟诵对象。“虞舜南巡去不归，二妃相誓死江湄。空留万古得魂在，结作双葩合一枝。”这首出自唐代韦庄的《合欢》，讲述的是虞舜南巡仓梧而死，其妃娥皇、女英遍寻湘江，终未寻见。二妃终日恸哭，泪尽滴血，血尽而死。后来，人们发现她们的精灵与虞舜的精灵合为一体，变成了合欢树。由此，人们常以合欢表示忠贞不渝的爱情。文人墨客赋予合欢的缠绵温情不仅于此，另有出自清朝乔茂才《夜合欢》中的诗句“朝看无情暮有情，送行不合合留行。长亭诗句河桥酒，一树红绒落马缨”。自古以来人们就有在宅第园池旁栽种合欢的习俗，寓意夫妻和睦、家人团结，对邻居心平气和、友好相处。因合欢的小叶具有朝展暮合的特性，因而人们也常常将合欢花送给发生争吵的夫妻，或将合欢花放置在他们的枕下，祝愿他们和睦幸福，生活更加美满。朋友之间如发生误会，也可互赠合欢花，寓意消除积怨重新和好。

简介

别名　夜合欢、绒花树、马缨花。

生物学特性　合欢为豆科合欢属落叶乔木，高可达16米（图1）。树冠开展，小枝有棱角，嫩枝、花序和叶轴有毛。二回羽状复叶，羽片4～12对，小叶10～30对，线形至长圆形，边缘和中脉上有短毛。头状花序，排成圆锥状；萼管状；花冠裂片三角形，粉红色，花萼、花冠外均有毛（图2）。荚果带状，嫩荚有毛，老时无毛（图3）。花期6～7月，果期8～10月。

图1　合欢植株

分布　合欢产自我国东北至华南及西南部各地，非洲、中亚至东亚均有分布，北美亦有栽培。

图2　合欢的花

图3　合欢的果实

应用价值

园林景观用途　合欢花叶皆美，常用作行道树、观赏树。

用材　合欢心材黄灰褐色，边材黄白色，多作家具用材。

其他用途　嫩叶可食，老叶可以洗衣服。树皮供药用，有驱虫之效。花入药具镇静安神作用，主要用于养心、解郁、安神。

栽培技术

合欢喜温暖湿润和阳光充足环境，对气候和土壤适应性强，宜在排水良好、肥沃土壤生长，也耐瘠薄土壤和干旱气候，但不耐水涝。其耐寒力略差，华北地区宜选平原或低山区栽植。主要采用播种法繁殖。

小常识

合欢的叶片为羽状复叶，它的小叶在白天开展（图4），而到夜晚会闭合（图5），这是植物的一种生理现象，称为睡眠运动。

图4　白天小叶开张的合欢

图5　夜晚小叶闭合的合欢

◇ 你还需知道的

在生活中，你还发现哪些植物有昼开夜合现象？

槐

拼　音：huái
拉丁名：*Sophora japonica* L.

植物文化

《周礼·秋官·朝士》上说："面三槐，三公位焉。"据记载，古代朝廷中种植了很多树，每天上朝的时候，太师、太傅、太保刚好对着三棵槐树。后来渐渐演变成用槐树借代"三公"。

在《古文观止》中有一篇东坡先生所著的《三槐堂铭》，讲了一个有趣的故事。北宋初年，兵部侍郎王佑文章写得极好，做官也很有政绩。他在任上行善事、积阴德，认为自己会有福报，王家后代必出公相。他在院子里种下三棵槐树，取"三公"的好兆头。后来，他的儿子王旦果然做了宰相，当时人称"三槐王氏"，在开封建了一座三槐堂。

简介

别名　国槐、槐树、槐蕊、豆槐、白槐、细叶槐、金药材、护房树、家槐。

花语　榜上题名、福禄双全。

生物学特性　槐为豆科槐属落叶乔木。树皮灰褐色，纵裂。当年生的枝条绿色。叶长15～25厘米；小叶7～15片，卵状长圆形或卵状披针形，长2.5～6.0厘米，先端渐尖，具小尖头，基部圆或宽楔形，上面深绿色，下面苍白色，疏被短伏毛后无毛；叶柄基部膨大，托叶早落，小托叶宿存。花序生在枝条的顶端。花瓣白色，略带青色。一朵花有5枚花瓣（图1）。如果把一朵花想象成一所房子，最外面的1枚花瓣最大，叫旗瓣，像一个屋顶，为其他花瓣遮风挡雨。每侧有1枚翼瓣，像墙壁，撑起了整个空间。最下面有2枚龙骨瓣，像地板。"房"中有11位"房客"：10位"雄蕊先生"和1位"雌蕊小姐"。在恰当的时间，"雌蕊小姐"接受花粉，变成了"雌蕊太太"，"肚子"（子房）渐渐隆起、变大。"房子"和"雄蕊先生"开始枯萎，变成黑色的残骸，最后消失不见。此时，"雌蕊太太"的"肚子"形状就像缩小版的冰糖葫芦（图2）。侧逆着阳光，可以发现每节"冰糖葫芦"里都有一个黑色的"宝宝"（种子）。

秋天，叶子（图3）经受不住寒冷，纷纷从枝头掉落到土地上。此时，“雌蕊太太”也走到了生命的尽头，表皮发皱，失去了光泽。虽然模样苍老，但却是小鸟们喜爱的食物。落入小鸟胃囊的“雌蕊太太”，经过胃液的腐蚀与消化，只剩下了一个个不能被消化的种子，最后被鸟儿排出了体外（图4）。如果掉落的地方刚好为适合发芽的土壤，种子会很快发芽，逐渐长成参天大树。

分布 槐原产我国，现南北各省份广泛栽培，华北和黄土高原地区尤为多见。

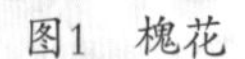

图1 槐花

图2 槐夏天的果实

图3 槐秋天的叶子

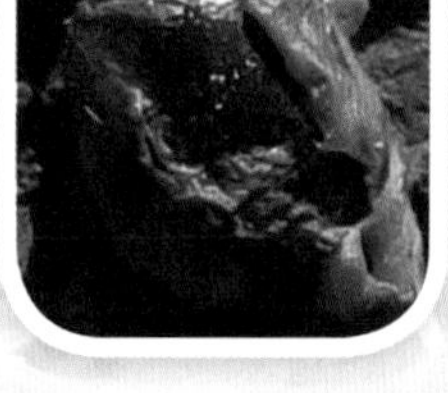

图4 在小鸟肚子里游历了一圈的种子

应用价值

用材 槐密度大，生长缓慢，俗称假檀木。由于木材干燥易开裂，所以一般采取封蜡处理自然干燥。在农村，通常用来作畜力车的配件如夹板、鞍架类。由于木材坚硬，也用来作家具的框架，如床、桌椅、橱柜灯的支架。

药用价值和其他用途 槐的果实（槐角）和槐枝皮药用历史悠久。据《本草纲目》记载，槐角有“久服明目益气，头不白，延年，治五痔疮瘘，有堕胎、治大热难产、催生”等功效。槐枝皮用于治疗崩漏、赤白带下、痔疮、心痛、皮肤瘙痒、疥癣。槐叶不仅作药用，民间还常把它作为畜禽饲料用。

小常识

槐原产我国，以黄土高原、华北平原栽培最多。“问我祖先来何处，山西洪洞大槐树”，山西洪洞被称作“祖”“根”，槐成了故乡树，也是北京“活的文物”、北京“行道树之王”——最古老的行道树。

◇ 你还需知道的

槐与洋槐的区别是什么？

黄檗

拼　音：huáng bò

拉丁名：*Phellodendron amurense* Rupr.

植物文化

爱情是人类永恒的话题。从《孔雀东南飞》到《罗密欧与朱丽叶》，不同国度、不同时代的人们都在品尝爱情这杯酒。《长恨歌》不仅是白居易的得意之作，也记录了他的有始无终的初恋。

白居易10岁时，因父升迁居家迁到符离。在那里，他与美丽善良的邻居湘灵朝夕相处，日久生情，“晚下小池前，淡然临水坐”。由于当时的社会道德观，两人将感情深深地埋在心底。白居易15岁时，离开符离到外面游历，“不得哭，潜别离。不得语，暗相思。两心之外无人知”。

29岁时，白居易考中了进士，他匆匆忙忙地赶回家，终于鼓起勇气向父母禀明自己的爱情，表达了求娶湘灵的愿望。考虑到两家的社会地位，这个请求被无情地拒绝了。无奈之下，白居易采取了绝食的策略对抗，连续几天不吃不喝。家人找到湘灵，请她帮着开解。湘灵站在门外，白居易轻声回答：“食蘗不易食梅难，蘗能苦兮梅能酸。未如生别之为难，苦在心兮酸在肝……”蘗（黄檗的古名）树皮的苦味，青梅的酸楚，生动贴切地体现了白居易凄苦的心境。最终，白居易以36岁的大龄成婚，但妻子不是湘灵。

简介

别名　檗木、黄檗木、黄波椤树、黄伯栗、元柏、关黄柏、黄柏、蘗。

花语　苦闷、愁苦。

生物学特性　黄檗为芸香科黄檗属植物，可以长到十几米，有3层楼那么高。用手摁一下树皮，你会觉得有点弹性，不是你的力气变大啦，是因为它的树皮有厚厚的木栓层，可以用来做瓶塞。轻轻刮开外面灰色的外皮，会看到鲜黄的内皮，舔一舔，会觉得很苦。黄檗一片叶子上有5～13片小叶，长得像羽毛（图1、图2）。

到5～6月，就可以看到它的花。花序生在小枝的顶端。雌雄异株。萼片、花瓣、雄蕊及心皮数均为5。雄花上有5枚雄蕊（图3）。雌蕊花柱短，柱头头状

图1　黄檗夏天的叶

图2　黄檗的叶痕

图3　黄檗的雄花

图4　黄檗的雌花

（图4）。到10月，果实长到珍珠大小（图5），闻一闻，香喷喷的。随着天气变冷，果实由黄绿色变成蓝黑色，叶子也由绿色变成黄色，在一阵阵寒风的吹拂下，从枝头飘落。用不了几天，就剩下一串串黑色的果实。

图5　黄檗的果实

分布　黄檗生长在比较寒冷的东北和华北。

应用价值

园林景观用途　高大优美，可以用来作行道树或景观树。

用材　木材色调为黄色，纹理均匀美观，有光泽，具有较强的耐水性，可以用来制造建筑、船只、高级家具和军用枪托。

药用价值　东晋道士葛洪所作的《抱朴子》记录了黄檗的仙灵功效："千岁

黄檗，距主茎一二丈远，有细根外连而出，上生灵芝仙草状的根瘤，食之竟可成仙。”黄檗是我国名贵中药黄柏的药源植物，也是提取小檗碱的重要原料。韧皮部是常用的中药——黄柏。

栽培技术

黄檗常用的繁殖方法为种子繁殖。果皮由绿褐色变为黄褐色，果皮开裂时，即可进行采种。播种分为春播和秋播。春播之前需要将种子经过植物生长调节剂、低温或变温处理，打破休眠；秋播则将种子埋在土壤中经过低温刺激，充分吸胀后才可以播种。

小常识

以黄檗树皮染色，是古人常用的法子。黄檗树皮外灰内黄，取黄色部分捣烂入水，浸出汁液，可以将衣物染为黄色。这也是黄檗之“黄”字的由来。除却染衣，黄檗也可染纸——以此染成黄色的纸张，可免遭蠹虫啃食，古称“黄卷”。

◇ 你还需知道的

黄檗是第三纪古热带植物区系的孑遗植物之一。一直作为药材的黄檗，到了明清，人们开始关注它的木材。黄檗因为其广泛的用途而遭到大肆砍伐，野生的黄檗由古人号称的“处处可见”变成了现在需要保护的植物。

栓皮栎

拼　音：shuān pí lì
拉丁名：*Quercus variabilis* Bl.

植物文化

栓皮栎是“从远古走来”的植物。在《庄子·盗跖》中曰：“古者禽兽多而人少，于是民巢居以避之。昼食橡栗，暮栖木上，故名之曰有巢氏之民。”有巢氏生活在距今约几十万年前的旧石器时代，白天吃橡实、板栗，夜晚在树上栖息。橡实指的是除板栗外的其他壳斗科植物果实。因而，栓皮栎也是橡树一员。

秋天，成熟的果实在风中掉落。山里的孩子踏上了收集橡实的旅途，三五成群，叽叽喳喳，如出笼的小鸟冲向森林，惊起灌丛中一只只努力进食的小动物。孩子们四散开来，低头寻找躲藏在枯黄落叶的珍宝——栓皮栎果实。经过一上午的努力，能收获半篮子已经算得上收获颇丰啦。

在明媚的清晨，找一块干净平整的大岩石，将捡拾的果实平铺开。在暖暖的午后时光中，就可以听到果皮“啪啪”爆裂的声音。经过这样自然脱壳过程还不够，人们还会用碾子来协助。脱了壳的种子便开始经历与甘薯类似的提炼淀粉过程：先将种子浸泡、磨碎，用纱布包裹果实糊并放在清水中清洗，静置变混的清水1～2天，将上层液体倒掉，将底部的淀粉晒干，就可以收获到雪白的淀粉干啦。

经典的吃法有两种：一种是当甜品。舀一碗淀粉加水打成糊糊状。烧一锅水，等水开，将糊糊放进去，边倒边搅拌。等到锅凉，盛出并加凉开水浸泡。食用时，将其切成小块，加一勺红糖。这是炎炎夏日中，南方农村人经常自制的消夏饮品。另一种是做成菜。也是先打成糊，然后用油摊成鸡蛋饼状，切成小条，炒、煮皆可。在物质匮乏的年代，经常用其招待客人。

简介

别名　软木栎、粗皮青冈。

花语　坚韧不拔、甜甜蜜蜜。

生物学特性　栓皮栎为壳斗科栎属乔木，可长到30米，有10层楼那么高。树皮黑褐色。轻按它的树皮会觉得软软的，因为它的木栓层很发达。3～4月，叶子长出来了，犹如新生的婴儿，毛茸茸的（图1）。叶子还没完全张开时，在叶腋处可以看到与火柴相似的几根红色的柱头伸出，这就是雌花序（图2）。从新生枝条基部垂下，面条状的是雄花序（图3）。轻轻一拍，一阵黄色的花粉宛如轻烟飘散开来。花粉的传播是典型的"靠天吃饭"，通过风将花粉带到柱头上，因为没有给昆虫准备礼物——既无甜蜜的花蜜，也无美艳的花瓣。

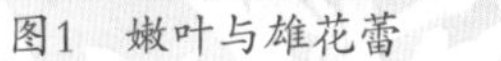

图1　嫩叶与雄花蕾　　图2　雌花序　　图3　雄花序

在阳光与雨露的滋润下，接受了花粉的雌蕊很快膨大，朝向中心的总苞片按由外向内的顺序依次转动了270°，最终朝向了外侧（图4）。秋天，种子外披着光滑的"盔甲"（果皮）成熟了，一阵微风后，"扑通、扑通"地落到地上。叶子的叶绿素开始分解，变成了金黄色（图5），在初冬的寒风中，轻盈地投入大地母亲的怀抱。

图4　嫩果　　图5　秋天的叶子

分布　北至辽宁、南至浙江的我国大部分地区都可以看见栓皮栎的身影。

应用价值

园林景观用途 栓皮栎主干耸直，树冠广展，分枝较高，树皮粗糙，秋叶橙褐，季相变化明显，是良好的绿化观赏树种。孤植、丛植或与其他树种混交成林，均甚适宜。因根系发达、适应性强、树皮不易燃烧，又是营造防风林、水源涵养林及防护林的优良树种。

药用价值 栓皮栎的果壳可止咳涩肠，主治咳嗽、水泻，外用治头癣。

栽培技术

春天或秋天播种。每隔15～20厘米开1条播种沟，深6～7厘米，沟内每隔10～15厘米平放1颗种子。幼苗出土前后，必须保持苗床一定的温度，要注意灌溉和松土除草，每次大雨后，必须在苗床上加盖一层细肥土，以补充流失的泥土。栓皮栎小苗长出后，可栽到阴坡或半阴坡土壤深厚肥沃的区域。

小常识

在北京地区可以看见两种叶尖有芒的壳斗科植物。如果碰见了，不用疑惑，一定要记得看看叶子的背面。叶背面发白的是栓皮栎，发绿的是麻栎。

◇ 你还需知道的

栓皮栎果实上的“帽子”（植物学上说的壳斗，图6）是植物的什么器官？

图6 栓皮栎果实上的“帽子”

水杉

拼　音：shuǐ shān
拉丁名：*Metasequoia glyptostroboides* Hu et Cheng

植物文化

水杉（图1）是一种1.3亿年前就广布于北半球的乔木。70多年前水杉还仅仅是一种存在于化石标本中的远古植物，1948年5月，胡先骕与郑万钧先生联合发表了一篇《水杉新科及生存之水杉新种》，向世界宣告了水杉树的科学发现。水杉的发现史要追溯到1941年，在国立中央大学工作的干铎教授曾见过水杉也采集过标本，但当时未能保存鉴定。1943年农林部中央林业实验所王战在由重庆赴湖北恩施的途中，途经万县磨刀溪（现称谋道，属湖北省利川市）时，被当地乡民奉为神树的一棵400年树龄的古树吸引了他，这棵树在他看来似松非松、似杉非杉。王战采集了该树标本，并将其暂定为水松。受战乱的影响，直到1945年著名松柏专家郑万钧才得到其标本，并对其反复研究与实地观察，最后，郑万钧与静生生物调查所所长胡先骕共同探论，将其定名为水杉。水杉作为对外交流的使者、传播友谊的媒介，留下了不少动人的佳话。周恩来、邓小平两位党和国家领导人，生前曾分别将水杉树苗送给朝鲜人民和尼泊尔人民。尼克松总统为纪念中美建交，将其心爱的游艇命名为“水杉号”。郭沫若欣闻水杉在日本引种成功，赋诗“闻道水杉种，青青已发芽。蜀山辞故国，别府结新家。树木犹如此，把酒醉流霞”。中国当代女诗人舒婷诗选中，“你把我叫做栀子花，且不知道，你曾有一个水杉的名字，和一个逆光隐去的季节”一句就是对水杉姿态和品格的赞扬。水杉因其树干通直挺拔，高大秀颀，树冠呈圆锥形，姿态优美，叶色翠绿秀丽，被武汉选为市树。

图1　水杉

简介

图2 水杉枝叶

别名 梳子杉。

生物学特性 水杉为杉科水杉属乔木。叶交互对生，条形，上面淡绿色，下面色较淡，沿中脉有2条淡黄色气孔带（图2）。球果下垂，近四棱状球形或矩圆状球形，成熟前绿色，熟时深褐色；种鳞木质，盾形。花期2月下旬，球果11月成熟。

分布 水杉为我国特产，仅分布于四川石柱县和湖北利川县磨刀溪、水杉坝一带及湖南西北部龙山与桑植等地。

应用价值

园林景观用途 水杉是秋叶观赏树种，在园林中最适于列植，也可丛植、片植，可用于堤岸、湖滨、池畔、庭院等绿化。

用材 水杉边材白色，心材褐红色，材质轻软，纹理直，结构稍粗，早、晚材硬度区别大，可供建筑、板料、造纸、制器具、造模型及室内装饰。

栽培技术

水杉喜光，喜气候温暖湿润、夏季凉爽、冬季有雪而不严寒的区域。常扦插繁殖，硬枝扦插和嫩枝扦插均可。亦可用饱满种子播种，球果成熟后即采种，经过暴晒，筛出种子，干藏，春季3月播种。

小常识

水杉之所以能够在鄂西存活下来，是因为当地的地层未受到燕山造山运动影响，西北有海拔1500米的齐岳山，东北有海拔1400米的佛宝山，地势南高北低，形成一个“封闭性”的自然环境，因此冰川对水杉侵害不严重。

◇ 你还需知道的

（1）为什么有的植物被称为“活化石”？

（2）你还知道哪些植物与水杉具有相同的遭遇？

桃

拼　音：táo
拉丁名：*Amygdalus persica* L.

植物文化

"桃之夭夭，灼灼其华。之子于归，宜其室家……"，对桃的文学记载最早见于《诗经·周南·桃夭》，红灿灿的桃花比作新娘的美丽容貌，一首简单质朴的诗歌，描述了女子出嫁时对婚姻生活的希望和憧憬，用桃树的枝叶茂盛、果实累累来比喻婚姻生活的幸福美满。最新的考古发现，距今7000年前的浙江河姆渡遗址中就有桃核存在，桃在我国的栽培史已经有3000年以上。桃与我国传统文化有着很深的渊源。《山海经》中记载了人们在每年春节用桃木雕成神荼和郁垒两位神将，将其悬挂于门扉，以镇压鬼魅。这种桃木雕称为"桃符"。以桃木、桃符作法器源于春秋战国时期，自汉代以来，桃木成为皇宫贵族、庶民百姓所公认的破除不祥的灵木。王安石《元日》中的"爆竹声中一岁除，春风送暖入屠苏，千门万户曈曈日，总把新桃换旧符"，是对桃木避邪的生动写照。在《红楼梦》第一百零二回中，描述了大观园中法师桃木打妖的情节。时至今日，在湘西民间仍有用桃木辟邪的习俗。

简介

别名　毛桃。

花语　温和、美丽。

生物学特性　桃为蔷薇科桃属落叶乔木。叶片长圆披针形、椭圆披针形或倒卵状披针形，上面无毛，叶柄粗壮（图1）。花单生，先于叶开放；花梗极短或几无梗；萼筒钟形，萼片外被短柔毛；花瓣粉红色，罕为白色（图2）。果实形状和大小均有变异，卵形、宽椭圆形或扁圆形，外面密被短柔毛，稀无毛（图3）；果肉多汁有香味，甜或酸甜；核大，离核或粘核，表面具纵、横沟纹

图1　桃的枝叶

图2　桃花

图3　桃的果实

和孔穴；种仁味苦，稀味甜。花期3～4月，果实成熟期因品种而异，通常为6～7月。

分布　桃原产我国，世界各地均有栽植。

应用价值

园林景观用途　桃的变种、变型众多，花色由白色至红色，花姿优美，园林中常用作早春赏花植物，常丛植于草坪角隅。

用材　桃木木质细腻，木体清香，常用作桃木工艺品。现已发展桃木立体雕刻、平面雕刻、镂空雕刻、线雕、桃木剑、桃木如意等。

其他用途　桃除了果实是一种营养丰富的水果，其种子可入中药，可治疗高血压及慢性阑尾炎等，外用可用于治疗跌打损伤。桃叶具有祛风、除湿、清热解毒、杀虫、消炎的作用。桃树干上分泌的胶质俗称桃胶，可用作黏结剂等，为一种聚糖类物质，可食用，也供药用，有破血、和血、益气之效。

栽培技术

桃以嫁接为主，也可用播种、扦插和压条法繁殖。

小常识

北京早春常见的观花植物白碧桃、红碧桃均为桃的变型，区别在于桃的花常为淡粉色、单瓣，而白碧桃的花白色、重瓣，红碧桃的花红色、重瓣。

◇ 你还需知道的

桃与杏花期相似，在花期通过什么特征能将二者区分开？

梧桐

拼　音：wú tóng
拉丁名：*Firmiana platanifolia*（L. f.）Marsili

植物文化

图1　梧桐

梧桐（图1）是我国较早有诗文记载的著名树种之一。《诗经》之《大雅·生民之什·卷阿》有“凤凰鸣矣，于彼高岗。梧桐生矣，于彼朝阳”之句，意为凤凰齐声鸣起，歌声飘过山岗，梧桐树健壮地生长，身披灿烂的朝阳。古人将梧桐与百鸟之王凤凰联系在一起，以此来象征其品格高洁美好，故有“栽桐引凤”之说。在古代文学中，梧桐不只是高洁美好的象征，也是忠贞爱情的象征，如：唐孟郊《烈女操》中的“梧桐相待老，鸳鸯会双死”；《孔雀东南飞》中的“东西植松柏，左右种梧桐。枝枝相覆盖，叶叶相交通”；而在唐宋诗词中，梧桐作离情别恨的意象和寓意是最多的，如“春风桃李花开日，秋雨梧桐叶落时”（白居易《长恨歌》）、“梧桐树，三更雨，不道离情正苦。一叶叶，一声声，空阶滴到明”（温庭筠《更漏子》）。

简介

别名　青桐、桐麻。

花语　祥瑞。

生物学特性　梧桐为梧桐科梧桐属落叶乔木。树皮青绿色，平滑。叶心形，掌状3～5裂，裂片三角形，基生脉7条（图2）。圆锥花序顶生，花淡黄绿色；萼5深裂，萼片条形，向外卷曲；蓇葖果膜质，有柄，成熟前开裂成叶状（图3），每蓇葖果有种子2～4颗；种子圆球形，表面有皱纹。花期6月。

分布　梧桐产于我国南北各地，从广东、海南岛到华北均有分布，也分布于日本。多为人工栽培。

图2　梧桐叶

图3　梧桐开裂的果实

应用价值

园林景观用途　梧桐是一种树形优美的观赏植物，点缀于庭园、宅前，也作行道树。

用材　木材轻软，为制木匣和乐器的良材。

其他用途　梧桐籽油为不干性油。茎、叶、花、果和种子均可药用，有清热解毒的功效。树皮的纤维洁白，可用作造纸和编绳的原料。叶可作杀灭蚜虫的生物农药。因其植株对二氧化硫、氯气等有毒气体有较强的抵抗性，因此也可用作净化环境的树种。

栽培技术

梧桐喜光，喜温暖湿润气候，耐寒性不强，喜肥沃、湿润、深厚而排水良好的土壤。常用播种繁殖，秋季果熟时采收，晒干脱粒后当年秋播，也可干藏或沙藏至翌年春播。梧桐也可扦插，分根繁殖。

小常识　法国梧桐是北京常见绿化树种，虽然它的名字中也有“梧桐”二字，但它们二者却不是亲戚，法国梧桐是属于悬铃木科的，“家有梧桐树，招得凤凰来”可跟它没有关系哟！

◇ 你还需知道的

（1）你能区分出法国梧桐和梧桐么？

（2）当你矗立于梧桐树下，有时会有黏糊糊的白絮状物从梧桐树上落下，想一想，这是什么原因造成的？

香椿

拼　音：xiāng chūn
拉丁名：*Toona sinensis*（A. Juss.）Roem.

植物文化

上古有大椿者，以八千岁为春，八千岁为秋。 ——《庄子·逍遥游》

椿樗易长而多寿考，故有椿、栲之称。 ——《本草纲目》

但求椿寿永，莫虑杞天崩。 ——杜甫《寄刘峡州伯华使君四十韵》

父母俱存，谓之椿萱并茂。 ——程允升《幼学琼林·祖孙父子》

简介

别名 椿、春阳树、春甜树、椿芽、毛椿。

花语 父亲的爱、财运亨通。

生物学特性 香椿为楝科香椿属植物。春暖花开，迎春花、连翘给北京街头抹上了一道道娇嫩的黄色。黄色落幕，红色很快上场。深深浅浅的桃花、樱花开满枝头。此时，红红的香椿芽娇羞地从枝头探出来（图1）。过了几天，一片完整的复叶便实现了从几厘米到近半米长的飞跃，颜色也从红色变成了绿色。

图1　香椿的嫩芽

随着天气一天一天变暖，夏天的脚步越来越近。一抬头，便会发现香椿树上挂满了近半米长的花序。花的长度与大米不相上下。最外层是5枚绿色的萼片，分布在5枚洁白花瓣的基部。花瓣犹如一个个卫士，挺立在花蕊的外围。再往里，是10枚雄蕊，其中有一半能提供花粉，另一半则无此功能。在最中央的，是雌蕊（图2）。初夏，若恰逢雨天，从香椿树下走过，可以闻到一股股浓郁的香椿芽香味。过了这段时间，纵使瓢泼大雨，也闻不到这特殊的气味。

图2　香椿的花

随着时间的流淌，绿色的果实从初夏的小米大小长到了秋天的葡萄大小。叶子从绿色变成了黄色，一片片小叶稀稀疏疏从枝头飘落，有的孤身下来，有的与叶轴一同坠落。褐色也慢慢掩盖了果实的绿色（图3）。一阵狂风吹过，会发现香椿树底下多了一串串微型的“吊灯”。每盏“吊灯”都是相同的结构，外侧为5瓣果皮，在果皮的内侧可以看到一枚枚带着翅膀的种子，正中间的是肥厚的中轴。

图3　香椿的果枝

分布　香椿在全国各地都有栽培。

应用价值

园林景观用途　香椿树干通直，树冠开阔，枝叶浓密，嫩叶红艳，常用作庭荫树、行道树，园林中配置于疏林，其下栽以耐阴花木。香椿是华北、华东、华中低山丘陵或平原地区土层肥厚处的重要用材树种、四旁绿化树种。

药用价值《本草纲目》记载：“椿芽治白秃，取椿、桃、楸叶心捣汁频涂之即可。”民间用香椿治疗痔疮、湿疹、遗精、滑精、关节疼痛、跌打损伤、食欲不振、坏血病等。

栽培技术

香椿可采用种子繁殖或分根繁殖。

（1）种子繁殖。3～4月，将种子用45℃的温水浸泡一昼夜，再放在20～25℃下催芽。4～5天后，种子就裂出口子，白嫩的胚根探出了头，就可以开始播种了。

（2）分根繁殖。只要种下一株香椿树，过了几年，就会变成一片的香椿林。这是由于它的根萌芽力较强。因此，人们常将它的根截成15～20厘米长的插穗，埋到地里育苗。

小常识

香椿中的硝酸盐和亚硝酸盐的含量远高于一般蔬菜，而蛋白质含量高于普通蔬菜，有生成致癌物亚硝胺的危险，故而食用香椿具有安全隐患。那么，怎样才能吃到安全又营养的香椿呢？一是选择质地最嫩的香椿芽；二是即采即食，或购买新鲜的香椿芽；三是先焯烫除去硝酸盐和亚硝酸盐，再凉拌或炒食。

◇ 你还需知道的

香椿和臭椿是同一种植物吗？二者有什么异同点？

银杏

拼　音：yín xìng
拉丁名：*Ginkgo biloba* L.

植物趣事

潭柘寺内有两株老银杏。这两株银杏树相传植于唐贞观年间，距今已有1400余年的历史。东边这株是乾隆皇帝御封的帝王树，高达40余米，胸径4米多，得七八个人手牵手才能怀抱。西边的叫配王树，高达30余米。它们一起矗立着，看岁月更迭，云起云落。传说，帝王树与皇帝的命运息息相通，是朝代更迭的象征。当帝王登基之时，树根就生出一根新枝，很快与主干合拢，而当皇帝驾崩时，就有硕大的枝干掉下来，犹如小说里描写某颗星陨落意味着帝王去世，充满了传奇色彩。如果有幸，还可以听到导游煞有介事地指着其中的一根枝条说，这是谁谁登基时长出来的。

简介

别名　白果、公孙树、鸭脚子、鸭掌树。

花语　坚韧与沉着、纯情之情。

生物学特性　银杏是银杏科银杏属乔木，可以长到50～60米高。叶子整体形状像扇子，先端裂开，像鸭子的脚，所以有“鸭脚子”“鸭掌树”的称呼。仔细看叶脉，多为分叉的叶脉，这种脉序普遍存在于蕨类植物中，是较原始的特征。

图1　银杏嫩叶

图2　小孢子叶球

春天，银杏枝头鼓起了绿色的小鼓包。几天之后，就可以看见打着卷的叶子（图1）和“花蕾”。随着叶子的长大，“花蕾”长大了（图2、图3）。银杏的雄树产生了花粉粒，随风传播。此时，雌树上的胚珠也成熟了，顶端的小孔会分泌一滴黏液。之后，黏液

图3　大孢子叶球

缩回，如果有花粉落在上面，就会一起回到花粉腔。花粉抵达花粉腔后，会刺激胚珠里的雌细胞发育。经过4个月的发育，卵子成熟，进入花粉腔，并与花粉粒释放的精子结合。秋末，银杏的叶子变黄（图4），树上的种子也成熟了（图5）。外种皮软软的，散发着特殊的味道，类似臭脚丫。有文献记录，银杏的种子曾是某些恐龙酷爱的食物，猜想这跟有人喜欢臭豆腐一样吧。剖开外种子皮，就露出白色的中种皮。这是我们经常在超市、菜市场看见的白果模样。内种皮膜质，里面包裹着种仁。

图4　黄色的叶子

图5　银杏种子

应用价值

用材　银杏为珍贵的速生用材树种，边材淡黄色，心材淡黄褐色，结构细，质轻软，富弹性，易加工，有光泽，耐腐蚀，不易开裂，不反翘，为优良木材，供建筑、家具、室内装饰、雕刻、绘图版等用。银杏木材有良好的共鸣性、导音性和富弹性，是制作乐器的理想材料。

药用价值　种子供食用（多食易中毒）及药用。种子的肉质外种皮含白果酸、白果醇及白果酚，有毒。叶可作药用，有益心敛肺、化湿止泻等功效。叶还可制杀虫剂，亦可作肥料。

栽培技术

银杏的繁殖方式有扦插繁殖、分株繁殖、嫁接繁殖、播种繁殖。扦插繁殖又可分为老枝扦插和嫩枝扦插。

小常识　银杏是著名的“活化石”植物，保持着2亿年前遗传下来的雄精细胞有纤毛、能游动的特性，对研究裸子植物系统发育、古植物区系、古地理及第四纪冰川气候有重要价值，被列为国家二重点保护野生植物。

◇ 你还需知道的

（1）银杏与杏有什么区别？

（2）为什么说银杏是裸子植物，杏是被子植物？

榆树

拼　音：yú shù
拉丁名：*Ulmus pumila* L.

美丽的传说

在《修真录》里记载了这样的故事：曾经有一位仙女喜欢采食树叶和小草，一到晚上便辗转反侧，夜不能寐。有一天她闲来无事，随便走走。她发现一棵树上的叶子小巧玲珑、碧绿如玉，让人很有食欲。于是，摘了一片吃下，然后在树下竟然酣然入睡，醒来觉得精神焕发，很是愉快。因此，她给这棵树起名叫"愉"。后来，仙女在门口种满了榆树，经常和族人雪道在树下相会，让金童讲《谬虹宝典》。后人将左边的偏旁由"心"改为"木"，就是我们现在说的榆树。

简介

别名　榆、白榆、家榆、钻天榆、钱榆、长叶家榆、黄药家榆。

花语　愉快、朴实。

生物学特性　榆树是榆科榆属植物。在北京的早春，开花最早的植物是榆树。榆树没有五彩缤纷的花瓣、沁人心脾的花香，很少会有人驻足欣赏它的花。榆树的花不大，但构造精巧。为了抵挡冬天的严寒，花芽外面包裹了几层褐色、带着光泽的苞片（图1）。随着气温的升高，树枝上米粒大小的花芽慢慢隆起。长到黄豆粒大小，最先探出脑袋的是"人"字形的柱头。很快，柱头慢慢地低下了头，于是雄蕊出场了。紫褐色的花药上储藏满了黄色的花粉。任何导致枝条晃动的动作或风都会引起一阵黄色的烟幕。这些烟幕随着风很快飘散开来，乘风翱翔。一粒花粉刚好落到柱头上的概率很小，所以榆树不得不采取"广撒网"的策略——生产过量的花粉，其他的交给命运。如果幸运的花粉和柱头刚好相遇，很快就可以看见枝头冒出绿色、椭圆形的小"薄饼"，这就是发育中的果实。

图1　花

绿色的小"薄饼"还不到0.5厘米长，嫩绿的叶子就迫不及待地出现了，泛着青春的油光，卷着边（图2）。

叶片一天天长大。很快你就会发现，榆树叶子的基部不对称。如果以主脉作为中轴线对折，基部是不能重合的。榆科的很多植物都有这个相同的特点。

图2　果实和嫩绿的叶子

桃花刚谢，地上的残红还没褪去，榆树的果实就成熟了，颜色从绿色（图3）变成米白色（图4）。可以看见在风雨中，窸窸窣窣地往下掉，很快大树底部便铺满了榆钱。

分布　榆树分布于东北、华北、西北及西南各地。

应用价值

图3　果实

用材　榆树木材是高档家具、装饰物品、造纸等产业的上好原材料。边材窄，淡黄褐色，心材暗灰褐色，纹理直、美观，结构略粗，致密坚硬，坚实耐用，茎皮纤维发达。

图4　成熟的果实

药用价值　榆树的树皮、叶及翅果均可药用，能安神、利小便。

其他用途　树皮内含淀粉及黏性物，磨成粉称榆皮面，掺和面粉可食用，并为做醋原料；枝皮纤维坚韧，可代麻制绳索、麻袋或作人造棉与造纸原料；幼嫩翅果与面粉混拌可蒸食，老果含油25%，可供医药和轻、化工业用；叶可作饲料。

小常识

“榆木疙瘩”意为坚硬的榆树根，多用于形容某人很笨、不开窍。其实，老榆木更像一个善解风情的“市场老手”，不管是王榭堂前，还是百姓后院，都可见它潇潇伫立的身影。雅俗共赏的老榆木，以自己坚韧的品性、厚重的性格、通达理顺的胸怀，占据着市场巨大的份额，赢得了众人一致的好评和赞赏。

◇ 你还需知道的

榆树为什么会和榉树同称为“北榆南榉”？

圆柏

拼　音：yuán bǎi
拉丁名：*Sabina chinensis*（L.）Ant.

植物文化

在我国的历史长河中，松、柏被赋予了丰富的文化内涵，又因其树形优美、四季苍翠，所以自古松、柏就在园林中广为应用，之所以现在的许多名胜古迹中可以看到树龄几百年的松、柏古树，必然和当时的园林设计理念有关。我国古人认为苍翠挺拔的柏树常象征江山永固，因此宫苑庙坛常栽植柏树。如建于元代的国子监、孔庙中便有上百年的圆柏，而且这些古树还有一些故事。据说明代中期的嘉靖皇帝在位期间，政治腐败，奸臣严嵩当朝。有一年，嘉靖皇帝委派严嵩去孔庙祭祀，当他整理好衣冠，庄重地走上台阶时，他的乌纱帽竟然不偏不倚地被头上垂下来的圆柏树枝挂落了。虽然祭祀草草收场，但余波未平，民间议论这棵树有灵气，能辨忠奸，正直的大臣经过树下，帽子再高，也纹丝不动。据传明末的奸臣魏忠贤也有过相同的遭遇。因此，这株古柏就有了一个“触奸柏”的尊号。虽经700年风雨，这株圆柏仍然挺拔苍翠。

简介

别名　桧、桧柏、刺柏、红心柏。

生物学特性　圆柏为柏科圆柏属乔木，高可达20米（图1）。树皮深灰色，纵裂成条片；幼树树冠尖塔形，老树树冠阔圆形；叶二型，鳞形叶（图2）和刺形叶（图3）并存，刺形叶上有2条白粉带；刺形叶生于幼树，壮龄树刺形叶、鳞形叶都有，老龄树全为鳞形叶。雌雄异株；雄球花黄色，椭圆形（图4）。球果2年成熟，熟时暗褐色，被白粉或白粉脱落（图5）。

分布　圆柏原产于我国，朝鲜、日本也有分布。

图1　圆柏

图2 圆柏的鳞形叶

图3 圆柏的刺形叶

图4 圆柏的雄球花

应用价值

园林景观用途 圆柏为普遍栽培的庭园树种。

用材 心材淡褐红色，边材淡黄褐色，有香气，坚韧致密，耐腐力强。可作房屋建筑、家具、文具及工艺品等用材。

其他用途 树根、树干及枝叶可提取柏木脑的原料及柏木油；枝叶入药，能祛风散寒、活血消肿、利尿；种子可提取润滑油。

图5 圆柏的球果

栽培技术

圆柏耐干旱，不耐湿。修剪多在冬季植株进入休眠或半休眠期后进行。常用的繁殖方法有播种繁殖、扦插繁殖、压条繁殖。

小常识

侧柏与圆柏在北京常见，从外形上看两者非常相似，因此经常有人将其混淆。但侧柏的所有小枝是位于一个平面的，而且只有一种鳞片状的叶子，而圆柏的小枝不在一个平面，一个植株上同时可见刺形叶和鳞形叶。

◇ 你还需知道的

（1）柏树为什么会“流眼泪”？

（2）圆柏四季常青、苍翠挺拔，那圆柏会落叶吗？

樟树

拼　音：zhāng shù
拉丁名：*Cinnamomum camphora*（L.）Presl.

植物文化

很久以前，人类就发现樟树的叶片、树根、树干会释放出一些怪异的、具有驱虫功效的气味。智慧的国人将樟树叶片放在锅里加热，蒸馏、提炼出药丸状的樟脑丸。台湾分布着成片的樟树原始森林，由苗栗、三义延伸到新竹、竹东。明代，台湾人已经制作和销售他们的特产——樟脑丸。国人用它作药品使用，欧洲人则用它作香料。

欧洲的交易市场中樟脑丸曾一度是奢侈品，其价格与黄金相当。高昂的利润吸引了无数的外来人口。入山采制樟脑者常与原住民发生冲突。鉴于此，清政府统一台湾之后禁止私人伐樟制脑。鸦片战争爆发后，樟树资源遭到帝国主义的无情掠夺。随着1860年《天津条约》的签订，台湾被迫开港。外国商人纷至沓来。此时的台湾地方政府将樟脑实行专卖，禁止外商直接到台湾内地采购。在丰厚的利润诱惑下，外商开展樟脑的私下贸易。这两方的矛盾日益激化。在1868年，中英爆发了“樟脑战争”。战败的清政府不得不再一次让步，取消了樟脑专卖的规定。

1890—1894年，西方发明了以樟脑为原料的赛璐璐，致使西方对樟树的需求量大增。1902年伊始，日本政府专揽台湾的樟脑出口经营权，控制了包括台湾在内的福建樟脑采办权。为了省事和发财，日本人采取“皆伐作死”手段，即使是1米高的小树也不放过。为了加快掠夺资源的速度，日本人还引进机器、训练工人的砍树技术。

随着第一次世界大战的爆发，交战双方对以樟脑为原料的防腐药和无烟火药的需求日益加剧，刺激了樟脑产业的发展。在日本、英国商人争相采办樟脑的刺激下，“乡民砍伐樟树……不可胜数”。到了1920年，“樟树尽摧伐以炼脑……樟树已尽毁”。留给台湾一片又一片的樟树“坟场”。每逢大雨，失去大树的土地及下游地区洪水泛滥成灾，水土流失严重。

1932年，美国杜邦公司合成了人工樟脑油。樟树才开始摆脱了被砍伐的命运。但此时的台湾，已经没有原始樟树林了，只有几株幸运者默默无言地矗立在寂寞的山林中。

简介

别名 香樟、芳樟、油樟、樟木、乌樟、瑶人柴、栳樟、臭樟、乌樟。

花语 百毒不侵、思念。

生物学特性 樟树为樟科樟属植物。行走在烟雨江南抑或多彩西南，不经意间就会与身着绿衣的樟树来一场邂逅。马路边、村落中都有它的身影。樟树的树皮记录着岁月的流逝：小树的树皮是绿莹莹的，过了几年，长成了大树，树皮变成黄褐色并且裂开，犹如一道道皱纹。大树可以长到30米高，直径3米粗，需要5~6个成年人才能合抱（图1）。

图1 樟树全株

樟树最引人注目的是叶片。椭圆形的叶子在阳光下闪闪发光。每片叶子的基部有3条主脉（图2）。等到初夏，绿豆大小的白花星星点点地散布在绿色的叶幕中。一朵花实在太小啦，为了能更快地被昆虫发现，聪明的樟树采取“团队合作”的方式，几十朵绿豆大小的白花组成圆锥花序。樟树的花最外层是6枚椭圆形的花被片。往里就是12枚雄蕊。靠近雌蕊的3枚雄蕊已经失去产生花粉的功能，属于退化雄蕊。花朵中央自然是雌蕊，很迷你，只有1毫米高。经过4个月的雨露、阳光滋润，小米大小的子房迅速长成黄豆大小的果实，并慢慢地由绿色转变成紫黑色（图3）。有意思的是，随着种子的变大，果托也随之膨大。

图2 樟树的叶

图3 樟树的果实

看了这么多，你可能会觉得头晕："哎呀！我怎么认识它？"不用担心，有速成识别法。捡起一片落叶，在掌心揉一揉，若闻到一股刺鼻的樟脑丸气味，那么，这片叶子就是樟树的叶子。

分布 樟树分布于我国、越南、朝鲜、日本。

应用价值

园林景观用途 樟树叶片青翠可爱，树形优美，可作行道树或庭荫树。

药用价值 樟树的根、果、枝和叶入药，有祛风散寒、强心镇痉和杀虫等功效。

栽培技术

樟树采用种子繁殖。收集成熟的果实并洗去果肉，阴干。在翌年的2～3月上旬播种前，用0.5%的高锰酸钾溶液浸泡2小时消毒。播种方法主要为条播：条距20～25厘米，每米播种50～60颗。

小常识

《本草纲目》有"其木理多文章，故谓之樟"。原来，古代在绘画或刺绣上，赤与白相间的花纹叫"章"，青与赤谓之"文"。樟树的木材纹理红、白或青、红相间，故得名。

◇ 你还需知道的

樟树是一个古老的树种，早在石炭纪就有樟树植物的化石。它的利用历史悠久，在距今约7000年的浙江河姆渡遗址中发现有樟木的使用。先秦《尸子》中有"土积则生豫樟",《淮南子》中有"楠豫樟之生也，七年而后知，故可以为棺舟"。樟木是优良的用材树，居我国四大名木（樟、梓、楠、稠）之首。

柘树

拼　音：zhè shù

拉丁名：*Maclura tricuspidata* Carrière

植物文化

柘树古时别名桑柘，它的木材坚韧有力，《淮南子·原道》中便有相关描述："乌号，桑柘，其材坚韧，乌峙其上，及其将飞，枝必桡下，劲能复巢，乌随之，乌不敢飞，号呼其上。伐其枝以为弓，因曰乌号之弓也。"译文为：有一群乌鸦停留在柘树的树枝上。过了一会，一只乌鸦起飞，用脚使劲蹬树枝，向下弯曲产生的反作用力使得树枝迅速弹起。"啪"的一声，乌鸦被狠狠地打了一下。这只可怜的乌鸦发出"嘎"的惨叫声。旁边的同伴看见了，吓得不敢起飞，在树枝上嚎叫不已。将柘树的树枝砍下制成的弓，故而称作"乌号之弓"。在古代，"乌号之弓"不是人人都有能力拥有的，像汽车中的宝马，是权势的象征。

简介

别名　奴柘、灰桑、黄桑、棉柘、柘。

花语　坚忍不拔、迎难而上。

生物学特性　柘树为桑科柘属木本植物。柘树长得不高，但是很顽强，在石头缝隙间，在很少有阳光的土地上，都可以发现它的身影。春天，柘树的叶子悄悄地探出了脑袋，每片叶子都是那么的完美无缺、新嫩可爱。叶子慢慢变大，在阳光下闪闪发亮。从椭圆形到圆形的形态各异的叶子分布在同一棵树。

5~6月，开花了，只有细心地寻找才能发现它的身影。树上分布着纽扣大小的"小馒头"。每个"小馒头"由几十朵花组成，是一个花序。如果你的观察力够敏锐，会发现一棵树上的花都是一样的性别，要么是有"噗噗"下落的花粉，要么是立着一根根扭曲的"绿天线"似的柱头。每朵花有4个绿色的花被片。一棵树只有一种性别，要么所有花都是雄花（图1），提供花粉，要么所有花都是雌花（图2），准备结果实。

9~10月，丰收的季节到了。经过近5个月的阳光与雨露的滋润，果实从绿色慢慢地转变成黄色，再渐渐地加深到橘红色（图3）。鲜亮的颜色像是在为自

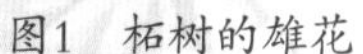
图1　柘树的雄花

图2　柘树的雌花

图3　柘树的果实

己招揽“顾客”：“快来吃我吧，顺便把种子带走。”酸酸甜甜的滋味诱惑着每一个贪嘴的孩子，但是小心刺！枝条上长满了1～2厘米、褐色的硬刺（图4），像忠心的卫士保护着植株，以免叶子落入食草动物的肚子。

图4　柘树枝条上的刺

分布　柘树分布于我国和朝鲜，日本也有栽培。

应用价值

园林景观用途　柘树叶秀果丽，适应性强，可在公园的边角、背阴处、街头绿地作庭荫树或刺篱。柘树繁殖容易、经济用途广泛，是风景区绿化荒滩保持水土的先锋树种。

用材　木材坚硬致密，可用于制作农具。

药用价值　柘树的根皮入药，可止咳化痰、祛风利湿、散淤止痛。

其他用途　柘树的茎皮是很好的造纸原料；木材为黄色染料；用柘树叶喂蚕得到的蚕丝，可以用来弹琴；果可食用和酿酒。

> **小常识**　在民间有“先有潭柘寺，后有北京城”的说法。潭柘寺的名字据说是因为寺后有龙潭，周边有柘树而来。

◇ 你还需知道的

桑树与柘树有哪些共同的特点，让它们归为桑科？

梓树

拼　音：zǐ shù

拉丁名：*Catalpa ovata* G. Don.

植物文化

◎ 桑梓

桑梓最初是指桑树和梓树。它们全身都是宝。叶片、种子、树皮都可入药，木材可以用来制作车板、盒子、乐器、棺材等。加上易于成活、生长速度快、树形美观，是较早被推广、种植的树种之一。住宅旁边常种植桑树、梓树。随着时间的推移，在思乡情结的不断渲染下，自东汉起“桑梓”逐渐由具体的树种演化为故乡或父老乡亲的代称。

◎ 付梓

隋朝，人们发明了雕版印刷术。将抄写工整的书稿贴在一定厚度的平滑木板上，稿纸正面和木板相贴，字就成了反体，笔画清晰可辨。雕刻工人用刻刀把版面没有字迹的部分削去，就成了字体凸出的阳文。印刷的时候，在凸起的字体上涂上墨汁，然后把纸覆在它的上面，轻轻拂拭纸背，字迹就留在纸上了。雕版用材要求纹理细密，轻而易割，耐水浸而不开裂、不变形的木材。经过多次的实验和摸索，人们认为最佳的选择就是梓木，因此“梓”就由树木名称引申出雕版印刷的含义，成为书稿付诸印行的术语。现在，“付梓”指代书籍刊印。

◎ 梓童

看古装剧的时候，经常可以看见这样的剧情，皇帝牵着皇后的手，深情款款地说：“梓童，……”皇后与梓树是如何建立联系的呢？“梓”得名于“子”，古作“杍”。梓树的一个果实里包含十几个种子，古人认为是多子的树。人们在皇后后宫里遍植梓树，希望子孙繁多，永世不绝。加上梓树为百木之长，是木中贵者，因此古代帝王称其帝后为“梓童”。

简介

别名　梓、楸、花楸、水桐、河楸、臭梧桐、黄花楸、水桐楸、木角豆。

花语　思念故乡、相敬如宾。

生物学特性 梓树为紫葳科梓属乔木，树冠伞形，主干通直，嫩枝具稀疏柔毛。叶对生或近于对生，有时轮生，阔卵形，叶片长度与一个成人手掌长相当，顶端渐尖，基部心形，叶片上面及下面均粗糙，微被柔毛或近于无毛，侧脉4～6对，基部掌状脉5～7条，叶柄稍短于叶片（图1）。顶生圆锥花序，花蕾圆球形（图2）。一朵花有5枚花瓣，花瓣基部联合形成钟状。花淡黄色，花内侧有两条黄色条纹及紫色斑点。一朵花中有5枚雄蕊和1枚雌蕊。2枚雄蕊长得比较大，能产生花粉；其他3枚长得细弱，已经退化，丧失了雄蕊的功能。雌蕊柱头2裂。

图1　梓树的叶片

图2　梓树的花

花后一个月，树上挂满面条状的绿色果实。果实渐渐地长大、变长，到秋天，成熟的果实颜色呈现出褐色（图3）。在温暖的阳光中，果实裂开，两端装备有白色“飞行器”（长毛）的种子（图4）随风飞向远方，去寻找自己的“伊甸园”。

图3　梓树的果实

图4　梓树的种子

分布 梓树产于我国长江流域及以北地区，日本也有分布。

应用价值

用材 梓树被称为“百木之长”。它的材质软硬适中，硬度介于柴木和软木之间；纹理美观并有光泽，刨面光滑；材质轻而耐朽，不开裂、不伸缩，抗腐性较强。梓木适合雕刻和做模具等，是木胎漆器、乐器和雕版刻字的优质材料。用之做家具时可为各种桌案、箱柜架格以及雕花挡板、牙条和其他细木装饰部件。古代帝王、王后下葬时则专用梓木做棺。

药用价值 梓树的种子、果实（俗称“梓实”）、根皮和树皮的韧皮部（中医学上称“梓白皮”）都可供药用。梓实味甘、有毒，用于解毒利尿和止吐消肿等。梓白皮性寒、无毒，有清热解毒、活血消炎和杀菌杀虫的功效，可治疗热毒斑疹、咽喉肿痛、跌打损伤、腰肌劳损和膀胱炎症。

其他用途 梓树花形、果形皆美，有耐盐碱和抗空气中的含硫、含氯污染物及烟尘的能力，是不错的观赏树种和工厂绿化的树种。另外，梓树嫩叶可食。

栽培技术

梓树可通过种子繁殖。将种子用40℃温水浸泡48小时后，进行播种。一般采用条播法，行距为20～25厘米，播种完毕用细土覆盖，并用大水漫灌后用草帘覆盖。待苗出齐后，逐渐揭去草帘。等苗长到10厘米高，间苗，使株距保持在10厘米左右。第二年就可出圃移栽。

小常识 梓树喜光，稍耐阴，耐寒，适生于温带地区，在暖热气候下生长不良，深根性。喜深厚肥沃、湿润土壤，不耐干旱和瘠薄，能耐轻盐碱土。抗污染性较强。

◇ 你还需知道的

梓树、楸树是同一种树吗？怎么区分它们？

3 农作物类天天见

大豆

拼　音：dà dòu
拉丁名：*Glycine max*（L.）Merr.

美丽的传说

相传在远古的时候，食物很少，人们经常食不果腹，身体很虚弱。有一个名叫菽的青年决心去尝尽天下草木果实，为大家找到更多能吃的食物。女娲知道这个消息后，非常支持他，就让她的五个儿子稻、黍、麦、麻、稷拿着白、黄、红、绿、黑五只不同颜色的袋子，做菽的侍从，跟着菽一起去找。

他们爬过九十九座山，在每一个山谷中寻找能吃的食物，终于找满了五袋子的粮种。一天，他们在一个山谷里发现一种圆圆的灰黑色的豆荚，用手轻轻一碰，豆荚就裂开了，还有一些绿色的豆荚，尝起来很不错，于是就采了这种植物的种子回去播种。这一年风调雨顺，收获了很多豆子。后来，人们就以菽的名字给这种粮食命名。秦汉以后逐渐用“豆”字代替“菽”字。

简介

别名　菽、黄豆。

生物学特性　大豆为豆科大豆属一年生草本植物，高30～90厘米。茎粗壮，直立，密被褐色长硬毛。叶通常具3小叶；托叶具脉纹，被黄色柔毛；叶柄长2～20厘米；小叶宽卵形，纸质（图1）。总状花序短的少花，长的多花；总花梗通常有5～8朵无柄、紧挤的花；苞片披针形，被糙伏毛；小苞片披针形，被伏贴的刚毛；花萼披针形，花紫色、淡紫色或白色，基部具瓣柄，翼瓣蓖状。荚果肥大，稍弯，下垂，黄绿色，密被褐黄色长毛（图2）；种子2～5颗，椭圆形、近球形，种皮光滑，有淡绿、黄、褐和黑色等多样。花期6～7月，果期7～9月。

图1　大豆的叶片

分布 大豆原产我国，各地均有栽培，亦广泛栽培于世界各地。灰黑色的豆荚裹着的黑色豆粒是野生大豆，现在我国长江以北地区还有野生大豆，蛋白质含量高而且适应性强，是国家二级重点保护野生植物，也是大豆育种的重要种子资源。育种学家利用野生大豆获得适应性强抗病性强的优质大豆品种。

图2 大豆的荚果

应用价值

大豆是世界重要粮食作物之一，已有5000年栽培历史。大豆的籽粒营养全面，含丰富蛋白质，其蛋白质的含量比猪肉高2倍，是鸡蛋含量的2.5倍。大豆籽粒蛋白质的氨基酸组成和动物蛋白质近似，其中氨基酸比较接近人体需要的比值，所以容易被消化吸收。如果把大豆籽粒和肉类食品、蛋类食品搭配着来吃，其营养可以和蛋、奶的营养相比，甚至还超过蛋和奶的营养。

大豆也是重要的油料作物。大豆的籽粒含有丰富的脂肪，可以榨油。大豆籽粒的脂肪也具有很高的营养价值，这种脂肪里含有很多不饱和脂肪酸，容易被人体消化吸收。而且大豆籽粒的脂肪可以阻止胆固醇的吸收，所以大豆油对于动脉硬化患者来说，是一种理想的营养品。

豆渣中的膳食纤维对促进消化和排泄固体废物有着举足轻重的作用。适量地补充纤维素，可使肠道中的食物增大变软，促进肠道蠕动，从而加快排便速度，防止便秘和降低肠癌的风险。同时，膳食纤维具有明显的降低血浆胆固醇、调节胃肠功能及胰岛素水平等功能。

大豆粕是大豆的籽粒用低温（40～60℃）浸提法提取油脂后的副产品，呈粗粉状。因没有受到高温，大豆籽粒中的抗胰蛋白酶、脲酶、血球凝集素、皂素、甲状腺肿诱发因子不会被破坏。大豆饼粕是使用最广、用量最多的植物性蛋白质原料。

现在的豆制品主要有豆浆、豆腐、豆皮、腐竹等，其中豆腐在我国南北方吃法也有差异，而且吃法多样、营养丰富，备受人们喜爱。大豆发酵后可以做豆豉、豆瓣酱等。大豆还可以泡制成豆芽作为蔬菜食用。由于大豆的籽粒容易储存且容易制成多种产品食用，大豆在我国粮食种植中有非常重要的地位。中医学认为，服食黄豆及豆制品可令人长肌肤、益颜色、填精髓、增力气、补虚开胃，是适宜虚弱者使用的补益食品，具有益气养血、健脾宽中、健身宁心、下利大肠、润燥消水的功效。

栽培技术

播种前需整地施肥。由于大豆不耐寒，需要适时播种，温带一般在5~6月播种，播种时要精选种子。田间管理适当，适时浇水施肥、除草松土，有利于作物的生长，同时应及时防治病虫害。由于大豆的豆荚成熟后易炸裂开弹出种子，因此应及时收获成熟的植株以确保粒粒归仓。

小常识

大豆的根上长满了小小的圆疙瘩，这些小疙瘩叫作根瘤（图3），是根瘤菌与大豆共生的产物，根瘤的直径一般为4~5毫米，初生时为绿色，逐渐变为浅红色，最后变为深褐色。根瘤菌能固定空气中的游离氮素，除自给氮素营养外，还将多余部分供给大豆生长发育。

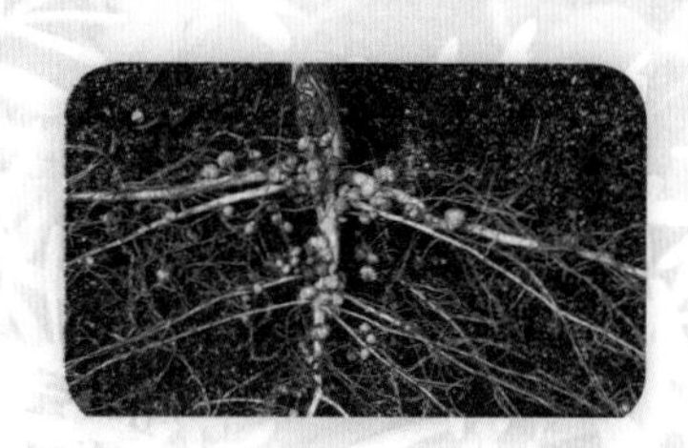

图3　大豆根瘤

◇ 你还需知道的

大豆籽粒的食用价值很高，对于大豆籽粒的蛋白质和脂肪你知道多少？

大蒜

拼　音：dà suàn

拉丁名：*Allium sativum* L.

植物趣事

传说2100年前，恺撒大帝远征欧非大陆时，命令其士兵每天服1颗大蒜以增强气力，抵抗疾病。时值酷暑，瘟疫流行，对方士兵得病者成千上万，而恺撒的士兵无一染上疾病，仅用短短的几年时间便征服了整个欧洲，建立了当时最强大的古罗马帝国。第一次世界大战中，英国的军需部门曾购买10吨大蒜榨汁，作为消毒药水涂于纱布或绷带上医治枪伤，以防细菌感染。第二次世界大战中，由于药品的严重缺乏，许多国家的军医都使用大蒜为士兵治疗伤口。我国近代的抗日战争中，八路军和新四军的军医也曾用大蒜防治感冒、疟疾及急性胃肠炎等疾病，增强了革命战士的体质。

简介

别名　蒜、蒜头、独蒜、胡蒜。

生物学特性　大蒜为石蒜科葱属的半年生草本植物（图1）。鳞茎呈球状或扁球状（图2），通常由多数肉质、瓣状的小鳞茎（蒜瓣）紧密地排列而成，外面由几层白色或带有紫色的膜质鳞茎外皮包裹着，对蒜瓣起到了很好的保护作用。大蒜的叶片是宽条形，很像宽宽的韭菜叶，花莛是圆柱状实心的，高可达60厘米，7月前后开出淡红色的小花，花序伞形（图3）。

分布　大蒜原产亚洲西部或欧洲，在世界上已有悠久的栽培历史，我国南北普遍栽培。

图1　大蒜整株

图2　大蒜的鳞茎

应用价值

食用价值　大蒜的幼苗、花莛和鳞茎均供蔬食。鳞茎也就是人们口中常说的蒜瓣，它含有丰富的维生素、大蒜素。

药用价值　食用蒜瓣能温中健胃、消食理气、解毒杀虫，具有预防感冒、防治心脑血管疾病、杀菌消炎等功效。药用以紫皮独头蒜最佳。蒜苗中含有的辣素也能起到很好的杀菌作用。

图3　大蒜的花

栽培技术

大蒜分春、秋两季栽种，一般春季在柳树萌芽的时节栽，秋季是在青蛙停叫之后、10月上旬前完成栽种，农谚也有“种蒜不出九（农历九月），出九长独头”的说法，可见播种时间的确对大蒜的生长有很大的影响。播种前要深翻土壤，施适量的基肥，挖好5厘米左右深度的定植沟，按照株距7～10厘米，行距15～20厘米的距离，将蒜瓣根朝下放入沟内，覆土并浇水。春季7～10天发芽，秋季则需要15～20天发芽。待叶子全部干枯倒在地上的时候就可将大蒜拔出采收了。

小常识　蒜瓣中能够起到抗菌消炎作用的大蒜素遇热时会很快失去作用，因此，如果想达到最好的保健效果，食用蒜瓣最好捣碎成泥，生食。

◇ 你还需知道的

（1）我国山东省济宁市金乡县在2002年以种植面积最大县荣获吉尼斯世界之最。

（2）大蒜开花前会抽薹，它其实是大蒜的花茎，起到支撑花的作用。没开花前，花茎也是可以食用的。日常生活中，我们常把大蒜的花茎称作哪种蔬菜呢？

（3）腊八蒜是我国北方流行的一道传统小吃，是腊八节的节日食俗，制作过程也非常简单，只需把蒜瓣和醋放入密封的罐子里，放在温度较低不需要阳光的地方，慢慢地，蒜瓣的颜色会由白色转为碧绿色。是什么物质引起了大蒜的变色现象？

番茄

拼　音：fān qié

拉丁名：*Lycopersicon esculentum* Mill.

植物趣事

番茄最早是生长在南美洲秘鲁和墨西哥森林里的一种野生植物。当地的人们因为它的果实颜色鲜艳，一直认为是有毒的果子，没人敢吃，只是把它当作一种观赏植物。

据记载，16世纪有位名叫俄罗达拉的英国公爵在南美洲旅游，非常喜欢番茄这种观赏植物，并把它带回了英国，作为爱情的礼物献给了情人伊丽莎白女王，从此，"情人果""爱情果"的名字就被人们广为流传了。但人们都只是把番茄种在庄园里，作为象征爱情的礼品赠送给爱人。

图1　番茄的果实

过了一代又一代，仍然没有人敢吃番茄的果实（图1）。大约过了100年，有一位法国画家，面对这样美丽可爱而"有毒"的浆果，实在抵挡不住它的诱惑，于是产生了亲口尝一尝它是什么味道的念头。他冒着生命危险吃了一个，觉得酸酸的、甜甜的，然而，躺到床上等死的他居然没事，于是"番茄无毒可以吃"的消息迅速传遍了世界。

从那以后，上亿人都安心享受了这位"敢为天下先"的勇士冒死而带来的口福。到了18世纪，意大利厨师把番茄的果实做成佳肴，色艳、味美，客人赞不绝口。此后，番茄的果实登上了餐桌。

简介

别名　西红柿、番柿、洋柿子、六月柿。

生物学特性　番茄是茄科番茄属的一年生或多年生草本植物。通常高0.6～2.0米，长高后容易倒伏，一般会为植株搭架帮助它更好地生长（图2）。多数的番茄品种全身都是毛茸茸的，叶片是羽毛状的复叶或羽毛状的深裂形，叶边缘还有

图2　搭架的番茄植株

图3　番茄的叶片

很多不规则的锯齿或裂片（图3），开花时会有3～7朵黄色的小花着生在花序梗上（图4），每朵小花花瓣的后面都有几片绿色小叶子，其实那并不是真正意义上的叶片，其学名为“裂片”。有意思的是，当它开花后结了果实，摘下果实的时候，你会发现裂片通常是跟着果实一起被摘下来的，就像草莓一样，红红的果实上会有绿绿的“小叶子”相称。番茄的果实是红色或黄色的，属于柔软多汁的肉质浆果，成熟的果实果肉里会有黄色的小种子，花果期通常在夏、秋季。

图4　番茄的花

分布　番茄原产于南美洲，我国栽培番茄是从20世纪50年代初迅速发展的，现在在我国大部分地区广泛栽培。

应用价值

食用价值　番茄的果实营养非常丰富，食用方法也很多，如生吃、炒菜吃或加工成番茄酱、番茄饮品等。它的含水量高达94%，可以说如果渴了吃它几乎可以当水喝；它所含的柠檬酸和苹果酸能够促进胃液和唾液的分泌，帮助肠胃消化吸收；炒熟吃被人体所吸收的番茄红素具有抗癌的功能；生吃能够吸收到丰富的维生素C，对皮肤有很好的延缓衰老和美容的功效。

药用价值 常吃番茄的果实可以降低血压、保护血管、利尿通便、帮助人体消化吸收。

栽培技术

番茄是一种喜欢温暖和阳光的植物，一般采用播种育苗的方式进行栽种。播种前可以用温水浸泡种子4～5小时，清洗一下再进行播种。播下种子后保持土壤潮湿，大概8天就会萌发出第一片真叶，随后可适当间苗或移栽。在植株长到30厘米高时要及时为它搭架绑蔓，避免倒伏。60天左右就会开花，花后就会陆续结出红彤彤的果实啦。注意，在夏季多雨的季节要及时为植株排水，否则果实长着长着就会裂开。

小常识

在西班牙的布尼奥尔小镇，每年的8月最后一个星期三都会举行“番茄大战”，来自世界各地的游客聚集在小镇上，和当地的居民一起庆祝这个别具特色的“番茄节”，将手中的番茄捏烂后向身旁的人投掷，每个人的身上都会被番茄汁浸染，场面十分震撼。

◇ 你还需知道的

（1）美国明尼苏达州一名叫伊利丹的男子，种出了一个8.41磅重（约3.8千克）的番茄果实，打破了吉尼斯世界纪录，成为了世界最重的番茄果实。

（2）我国青岛市农业科学研究院选育出的番茄新品种‘喀秋莎’，果实中番茄红素含量在国内外栽培品种中创下了最高值，轻松拿下“世界之最”。

（3）19世纪番茄酱不是作为食品而是药品，这其中有什么道理呢？

（4）野生栽培的番茄果实顶部通常为青绿色的，而人工栽培的往往整个果实都是鲜红艳丽的。科学家研究表明，野生栽培比人工栽培的番茄果实更甜，含有的番茄红素更高，这是为什么呢？

甘薯

拼　音：gān shǔ
拉丁名：*Dioscorea esculenta*（Lour.）Burkill

植物趣事

据记载，甘薯是从美洲传入到欧洲后，被哥伦布进贡给西班牙女王，才被西班牙各地所种植，并迅速扩散到了西班牙分散到世界各地的殖民地。菲律宾群岛当时也是其殖民地之一，那里的气候适宜，甘薯很快就成为了当地的重要粮食作物。然而当时的明朝东南沿海地区却随时面临着饥荒的危机，因此，在海外经商的陈振龙敏锐地察觉到甘薯的潜力，但是当时的菲律宾对于出口作物有很严格的控制，陈振龙经过一番周密的计划，在1593年5月，乘着一艘从菲律宾开往中国的轮船，将几棵甘薯的藤蔓缠绕在轮船的缆绳上，成功将它“走私”入我国，并将它的种植技术教给东南沿海地区的老百姓，拯救了饥荒时期百万人的性命。

简介

别名　红薯、地瓜、白薯、甜薯、番薯等。

生物学特性　甘薯为薯蓣科薯蓣属的一年生缠绕草质藤本植物。地下块根的顶端通常会有4～10个小分枝，各个分枝的末端会膨大成卵球形的块根。块根的外皮通常是淡黄色的，但事实上甘薯具有非常高的多样性，表皮从白色、黄色到红色、紫色，薯肉从白色到橙色，块根形状从球形到长条形等均有不同（图1），因此以“五彩薯”称之也毫不为过。它的茎上长着很多小柔毛，靠近地面的茎上还会有一些刺，叶子是一片一片交互生长的，叶的最上边是尖尖的，底部是心形，也长有小柔毛，尤其是叶的背面较多，叶柄的底部也有小刺（图2）。

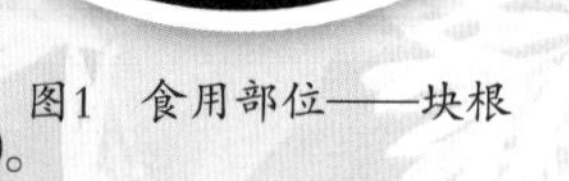

图1　食用部位——块根

在初夏时节，甘薯会在藤上开出淡紫色或白色的小花，形状很像牵牛花（图3），能结出扁圆形的果实，但是很少能成熟，因此通常不采用种子繁殖。

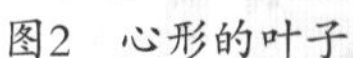
图2　心形的叶子

图3　甘薯的花

分布　甘薯原产于中美洲墨西哥、哥伦比亚、厄瓜多尔及附近海岛，早在5000多年前，印第安人就开始种植此种植物了。我国栽培甘薯仅有400多年，但目前它的栽培面积仅次于水稻、小麦和玉米。

应用价值

食用价值　甘薯的地下块根是储存营养的器官，是供食用的部分，嫩的茎、叶也可食用。甘薯目前作为我国的主要粮食作物之一，它的块根含丰富的淀粉、糖类、蛋白质、维生素、纤维素以及各种氨基酸，具有很高的营养价值和保健功能，可以促进肠胃的蠕动，防治便秘；块根中的胡萝卜素、维生素B_1、维生素B_2、维生素C的含量都高于大米和白面。

药用价值　甘薯的块根中含有一种抗癌物质，能够预防结肠癌和乳腺癌，含有的黏液蛋白能很好地保持血管壁的弹性，预防动脉硬化的发生，还能在一定程度上提高人体的免疫能力。

栽培技术

由于甘薯的块根和茎蔓等营养器官的繁殖再生能力很强，而种子繁殖的后代性状很不一致，所以通常采用无性繁殖的方式进行栽种。在甘薯接近茎的一端具有可以发芽的芽眼，在潮湿的环境下会生出密集的茎蔓来，而每一条茎在分出后，都能生长为一个新的植株。

甘薯的生长习性是喜光、喜温暖，不耐严寒，较耐旱。最适发芽温度为

16～35℃，温度越高，薯块发芽就越快、越多。栽种前为土壤施足基肥，做出高30厘米左右的垄栽种扦插，扦插深度在5～7厘米最为适宜，行距30厘米，株距15厘米，插苗后保持土壤湿润，约20天就会生长形成良好的根系，90天左右，薯块会迅速地膨大，120天左右就可以挖出食用了。注意收获前20～30天一般不灌水，更有利于甘薯的收获贮藏。

小常识

甘薯和马铃薯（土豆）是不能放在一起储藏的，如果强行把它们放在一起，会导致不是土豆发芽就是甘薯烂心，其原因是甘薯喜欢温暖怕凉，而土豆却喜凉怕热。

◇ 你还需知道的

（1）1989年，我国浙江省农业科学院种植的甘薯中有一种块根重达18千克，至今仍是世界最重纪录。

（2）甘薯也叫番薯，“番”字的意思通常是指国外引进的植物，多是明朝以后传入我国的，而且多半是原产于美洲的作物。除了番薯，你还能说出几种带“番”字的作物或水果呢？它们都是原产于美洲的吗？

（3）当今人们对于转基因作物对人类的健康是否存在威胁有着很大的争议，而经过科学家研究，甘薯就是一种已经拥有几千年历史的天然转基因作物。你可以探究一下甘薯是如何实现转基因的，转基因前的甘薯又是什么样子的。

胡萝卜

拼　音：hú luó bo

拉丁名：*Daucus carota* L. var. *sativa* Hoffm.

植物趣事

早在7世纪（中国的唐朝时期），阿富汗就开始种植胡萝卜，那时的胡萝卜的肉质根是黄色的肉、紫色的皮。在17世纪，荷兰人为了表示对奥兰治（"Orange"的音译）王室的爱戴，请育种专家特意将传统的胡萝卜的肉质根改良成里外都是橙色的。我们现在常吃的橘黄色胡萝卜肉质根（图1）就是荷兰人改良的橙色胡萝卜肉质根流传下来的，而现在市场上卖的那些高价的所谓的胡萝卜新品种，如黄色、白色、红色、紫色的胡萝卜，其实都是未经改良的传统品种。

图1　肉质根

简介

别名　红萝卜、红菜头、黄萝卜、丁香萝卜、小人参等。

生物学特性　胡萝卜为伞形科胡萝卜属的二年生草本植物。地上部分一般能长到15～120厘米高，茎单生，全株都有白色的粗硬毛；靠近地面的叶子是长圆形的，羽状全裂，顶端有小尖头，叶柄长3～12厘米；再往上一些的叶子几乎没有叶柄（图2）。通常在5～7月时开花，开的花是白色的（图 3），有时带着一点点淡红

图2　羽状全裂的叶子

图3　白色的花

色，它的花柄不一样长，一朵朵小花有规律地排列，就像一把小伞，而且每株植物不只有“一把小伞”，这种十分惹人注目的规整花序，称为复伞形花序。它的果实也很有特点，圆卵形，表面还有棱，棱上还长着白色的刺毛，摸起来有点扎手。

分布 胡萝卜原产亚洲西南部，现在全国各地广泛栽培。荷兰人把它列为“国菜”之一。

应用价值

食用价值 胡萝卜因其肉质根富含胡萝卜素和钙、磷、铁等矿物质，有“小人参”之美誉。能够安全补充维生素A，增强免疫力。

药用价值 胡萝卜的根营养丰富，经常食用能够预防因缺乏维生素A引起的疾病，提高人体免疫系统的抗癌能力；还能抗衰老，降低老年人心血管疾病发病率；而且还有健脾消食、润肠通便的功效。另外，它的种子还可做驱蛔虫药，也可以提取芳香油。

栽培技术

胡萝卜适宜春、秋两季露地直播，春播一般在柳树萌芽时节播种，秋播通常在蚱蝉不常叫的时节播种。在无霜的南方地区，冬季也可以栽种。播种前先撒些基肥，然后开沟条播，株距一般5～10厘米即可，覆土深度0.6～1.0厘米，发芽适温为20～25℃，10～25天发芽。如果希望能早点发芽，可在播种前用湿润的毛巾或纸巾将种子包好，放在阴凉或冰箱里，适时喷水保持种子湿润，当看到大部分种子冒出芽尖后，再播种。生长过程中需注意盖土和浇水，当胡萝卜的根长到约3厘米粗的时候就可以挖起来采收了。

小常识

栽培品种的胡萝卜是由野生胡萝卜经过8年的时间人工慢慢驯化而来，野生胡萝卜因生长环境差，土壤不够肥沃，肉质根细小而干瘪，根本不适合食用。

◇ 你还需知道的

（1）世界上最长的胡萝卜肉质根有5.84米长。

（2）胡萝卜和白萝卜是相似植物吗？它们的花有什么区别吗？

（3）食用时，生食和炒食哪一种更利于胡萝卜素的吸收？为什么？

葫芦

拼　音：hú lu

拉丁名：*Lagenaria siceraria*（Molina）Standl.

美丽的传说

傈僳族口头世代相传的《创世纪》中有这样一个故事：远古时候，天地相连，人们走路都要弯着腰，要不然头就会碰着天。一天一个人骂道："老天真该死，你不能高一点吗？"骂声触怒了老天，瞬间倾盆大雨且九天九夜不停，世间大发洪水。大部分都人被水淹死了，只有一兄一妹躲藏在大葫芦里活了下来。洪水退落后，兄妹俩从葫芦里走出来，发觉天变高了，地也不再混浊，世上只剩兄妹二人，兄妹俩顺应天意结婚生子，繁衍生息，才有了现在的傈僳族。

而在汉族的民间传说中让伏羲与女娲从那场洪水中活下来的也是葫芦。例如，传说的"盘古开天辟地"，这"盘古"就是槃瓠，而槃瓠亦即葫芦。所谓"开天辟地"，就是创造世界，创造人类和万物，指葫芦是造物主，也就是人类的先祖。

简介

别名　古代亦称瓜瓞、瓜、瓠、瓜苦或瓜瓠、蒲卢、壶卢等。

生物学特性　葫芦是葫芦科葫芦属一年生藤本植物，藤最长可达15米，藤和叶上有软毛（图1）。夏、秋时开白花（图2），雌雄异花，花傍晚时开放，第二天就开败，所以葫芦又称为"夕颜"。果实幼嫩时为青绿色且被软毛，成熟时白色至带黄色。由于栽培历史长，果实形状变化大，有细腰葫芦、扁圆葫芦、长柄葫芦、苹果葫芦等（图3），品种也非常多。

图1　葫芦藤和叶片

分布　葫芦是世界上古老的作物之一，考古队在浙江余姚河姆渡遗址发现

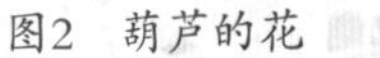

图2　葫芦的花

图3　各种形状的葫芦果实

了7000年前的葫芦和种子。现在世界上温带和热带地区均有广泛栽培。过去有人认为葫芦的原产地是印度与非洲，但据考古材料记载，亚洲的中国、泰国，北美洲的墨西哥，南美洲的秘鲁，非洲的埃及，都曾出土过石器时代的葫芦化石。河南庙底沟遗址中发现众多的葫芦形器物，说明在近10000年前，在我们这片古老的土地上，已经生长着葫芦。这些都说明，葫芦是我国土生土长的植物，不是从外国引进的。

应用价值

葫芦的应用价值和葫芦文化　葫芦全身都是宝，嫩叶和嫩果都可以食用，葫芦花也可以食用，营养价值都很高。成熟时果实外壳木质化，中间空心，锯开头部，掏出种子后可以盛酒或者盛药，或者从中间锯开用作器具舀水，也可以作玩具，还可以作乐器葫芦丝或者葫芦笙。一些少数民族利用葫芦的果实在水里漂起来制成葫芦舟作为交通工具。现在培育成的小葫芦供人们把玩，人们还在葫芦的果实上刻画或者烙花，是一种非常美的工艺品。

图4　葫芦的果实

葫芦的果实形状圆而不钝，口小肚大（图4），符合人们的审美，被很多人喜欢。有很多艺术品仿照葫芦形状。葫芦的谐音为“福禄”，茎称“蔓”，与“万”谐音，“蔓带”与“万代”谐音，葫芦加上藤蔓也就是“福禄万代”。葫芦的种子与其他葫芦科植物的种子相比，饱满而且种子数量很多，意味着子孙多而且很健壮，所以枝叶繁茂、多果的藤蔓与多籽的葫芦表示“子孙万代，繁茂吉祥”。在我国许多神话传说和故事里，葫芦常与神仙和英雄或者正义相伴，被认为可以带来福禄、驱魔辟邪的灵物和保家护宅的吉祥物。人们常在房前屋后种植。

栽培技术

选择成熟饱满的种子，用40℃温水进行催芽，催芽10小时后播种，热带1～6月均可以播种，温带4月之前播种则需要盖膜，播种后一周出芽。葫芦根系发达，入土较深，主要根群分布在20～40厘米的土层中，根系横向扩大范围较大，种植时应选择土层深厚、土壤肥沃、保肥水能力强、易排水的壤土栽种。还需要及时用竹竿或者树棍打架绑蔓，让藤蔓爬上架顺利生长。

小常识

葫芦与瓠子是近亲，除了果实形状不同外，叶子与藤蔓非常相似。种植时应及时写标签以防弄混。瓠子果实长圆柱形（图5），幼嫩时是营养价值很高的蔬菜。

图5　瓠子的果实

◇ 你还需知道的

葫芦在中国传统文化里有很重要的地位，你读过的书里有没有有关葫芦的故事或传说？讲讲你听到的故事或传说。

花椰菜

拼　音：huā yē cài
拉丁名：*Brassica oleracea* var. *botrytis* L.

植物趣事

在蔬菜界，甘蓝是一个大家族，成员有青花菜（西兰花）、羽衣甘蓝、抱子甘蓝、结球甘蓝（圆白菜）、球茎甘蓝（苤蓝）、花椰菜（菜花）。一天，甘蓝家族的族长想要举办一次选美比赛，希望能选出家族中最美、最漂亮的品种作为家族中的代表与其他家族竞争蔬菜界的地位，各个成员听闻纷纷报名。

比赛的规则很简单，就是将成员们生命周期中最美的时刻展现给大家。青花菜认为，它最美的时刻就是花芽刚刚从叶子中心冒出来的时候，绿绿的叶子衬托着青绿色的花芽，甚是美丽。羽衣甘蓝将自己彩色多变的叶子展现给大家，大家纷纷惊叹！抱子甘蓝把自己的“孩子”集合在一起，组成了一束玫瑰花，也甚是惊艳。其他成员也纷纷展示，最后轮到了花椰菜，它把自己抽薹开花前的花球展示给大家，像极了新娘子手捧的花束，洁白而美丽，花球上还带有清晨的露珠。众成员和族长无一不夸赞花椰菜的美，花椰菜当之无愧是成员中最美的。

最美甘蓝——花椰菜带领着家族中的成员逐渐成为蔬菜界里的佼佼者，不管是外貌还是食用价值都是数一数二的，给人们提供了丰富的营养，食用它们的人群身体都棒棒的。这种好名声很快就在人群中传开，在人们的餐桌上，甘蓝家族越来越壮大，品种也是越来越多。

简介

别名　花菜、菜花。

生物学特性　花椰菜为十字花科芸薹属甘蓝种的一个变种，是一年生或二年生的草本植物。高60～90厘米，茎是直立的，很粗壮，会分枝生长，叶片灰绿色，具有明显的粉霜（图1），茎顶端有1个由总花梗、花梗和未发育的花芽

图1　花椰菜的叶子

密集成的乳白色肉质头状体（图2）。在每年4月前后，叶中心的肉质头状体上的花梗会长高，花芽发育成熟，一个个小花椰菜芽争先恐后地从花椰菜中崭露头角。每个花梗上都会着生许多淡黄色的小花，随着花朵开放时间变长，颜色也会由黄转白。每朵小花都有4枚呈十字形状排列的花瓣。5月左右，花后会结出圆柱形的长角果。

图2　生长中的花椰菜

分布　花椰菜原产于气候凉爽的地中海沿岸，19世纪中期传入我国南方地区。

图3　花椰菜的花球

应用价值

食用价值　花椰菜的食用部位是总花梗、花梗和未发育的花芽密集而成的乳白色肉质花球（图3）。花椰菜的花球含有丰富的蛋白质、脂肪、维生素等营养元素，维生素C的含量在蔬菜中算是含量非常高的，常吃能够提高人体的免疫功能；它的含水量也很高，能够让人产生饱腹感，有助于减肥；它还含有很高的膳食纤维，可以促进肠道蠕动，改善便秘症状。

药用价值　花椰菜的花球中含有的“素弗拉芬”能刺激细胞制造对机体有益的保护酶——Ⅱ型酶。这种具有非常强的抗癌活性的酶，可使细胞形成对抗外来致癌物侵蚀的膜，对预防多种癌症起到积极的作用。

花椰菜的花球是含有类黄酮较多的食物之一。类黄酮除了可以防止感染，还是最好的血管清理剂，能够阻止胆固醇氧化，防止血小板凝结成块，从而减少心脏病与中风的危险。

栽培技术

花椰菜喜冷凉，不耐高温干旱，也不耐霜冻。播种前可用温水浸泡种子15分

钟，然后在常温的水中浸泡5小时后清洗一下，再进行播种育苗。种子在16～20℃时发芽较快，25℃时发芽最快，播种后1周左右就出苗了。当小苗长出两三片真叶时可适当间苗，当小苗长出四五片真叶时需要进行一次假植（可以理解为在室内进行一次移栽）。假植后，当植株长出六七片真叶时就可将小苗带着土坨移栽定植到室外了。花椰菜整个生长期都要求充足的水分，尤其是在叶片旺盛生长和花瓣形成期需要更多的水。炎热的夏季可折断一片大叶子遮盖在花球上，防止花球被太阳直晒变老黄化，在出现花球1个月之后就可以割下来采收了。

小常识

花椰菜的花球表面紧密，花球里层看起来好像比较干净，但其实不然。花椰菜容易生菜虫，很不容易被发现，而且花球凹凸不平的表面也容易残留农药，一旦下雨，雨水就会将表面的农药冲入花球内部。所以，食用前最好将花球放进盐水中浸泡10分钟左右，这样，藏在花球缝隙中的菜虫就自己跑出来了，而且还有助于去除残留的农药。

◇ 你还需知道的

（1）英国一位老汉，种出了世界上最大的花椰菜花球，重达27千克，这样一个“庞然大物”，确实是世间罕见。

（2）通常我们食用的花椰菜的花球是白色的，但随着育种专家们的不断研究，现在已经有了更多颜色的菜椰花，你知道都有哪些颜色吗？它们的形状和口感又与普通的花椰菜花球有什么区别？

陆地棉

拼　音：lù dì mián

拉丁名：*Gossypium hirsutum* L.

植物文化

北宋之前，我国的字典里没有“棉”字，只有“绵”。直到北宋末的《宋书》中，才第一次使用“棉”字，在宋末的墓葬中也发现了棉织物。我们常说的棉花是锦葵科陆地棉种子上的棉毛，是种子的附属物，是种子的种壳上着生的纤维和短绒。棉纤维是由受精后胚珠的表皮细胞经过伸长和加厚而形成的，不同于一般的韧皮纤维，棉纤维以纤维素为主。棉纤维是纺织工业的主要原料。

简介

别名　细绒棉、高地棉、高原棉或美洲棉等。

生物学特性　陆地棉为锦葵科棉属植物，虽然是一年生草本植物，但是主茎的木质化程度较高，茎秆比较坚硬，一般高0.6～1.5米，小枝疏被长毛。叶阔卵形，成人的手掌大小，叶基部心形或心状截头形，常3浅裂，较少为5裂，叶柄长3～14厘米，疏被柔毛（图1）；托叶卵状镰形，早期脱落。花单生于叶腋，花梗比叶柄略短（图2）；有3枚分离的小苞片，花白色或淡黄色，后变淡红色或紫色，一般在夏、秋季开花结果。蒴果卵圆形，像桃子，因此又叫棉桃（图3）；种子卵圆形，具白色长棉毛和灰白色不易剥离的短棉毛。

图1　陆地棉的叶片

分布　陆地棉原产自中美洲，约于17世纪初从墨西哥引入美国南部，以后逐渐地传入各个主要的产棉国。由于陆地棉具有适应性强、产量高、纤维长、品质好等特点，棉种几乎传遍了世界上大部分的植棉国。20世纪50年代末，陆地棉成为我国栽培的主要种，也培育了很多品种，栽培面积占植棉总面积的80%左右。

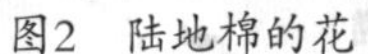

图2　陆地棉的花

图3　陆地棉的果实

应用价值

与蚕丝和麻比较，棉纤维可以直接利用，不用经历养蚕的劳苦，也没有沤麻的辛劳。陆地棉传入我国后深受人们欢迎，得到广泛种植。陆地棉环境适应性强，即使盐碱地也能栽培种植，其种子以及种子的附属物棉纤维作为此作物的主要产品有较高的利用价值，陆地棉既是最重要的纤维作物，也是重要的油料作物。自1982年我国成为棉花产量最多的国家，陆地棉在我国的栽培面积占所有棉花种植面积的80%。作为纤维作物，陆地棉的纤维长度21～33毫米，成纱强力较高，可以用于纺织棉布，广泛用于纺织业，也可以作棉被的被芯、棉衣的棉芯等。

陆地棉的种子富含脂肪和蛋白质，经压榨或者浸提得到棉籽油，精炼后可以食用，榨油后得到的棉籽饼是营养成分多样的有机肥。种子里含有棉酚，可以用于制药。种子的外壳也就是棉籽壳可以用作培养猴头菇、木耳等的培养基。

陆地棉的茎可以用于造纸。

栽培技术

陆地棉适应性强，对土壤条件的要求不高，也是较耐盐碱的作物，但是碱地pH超过9.0，含盐量超过0.02%～0.08%，以及南方红壤pH在5.2以下时均不宜植陆地棉。棉籽萌发时的适宜含水量为其风干种子重的60%～80%，要求土壤含水量为田间最大持水量的70%～80%。陆地棉中熟品种发芽的起点温度为11.5℃，最适温度为28～30℃，最高温度为40～45℃。棉籽出苗的温度比发芽温度高，幼茎（子叶下轴）伸长发育形成导管的温度为16～18℃，一般在日平均气温稳定在14℃（5厘米深的土温为15～16℃）时即可开始播种。在易受霜害的北方棉区，最早播期只能在终霜期之前10天左右，终霜过后出苗。

播种大多采用条播或者点播的播种方式，如果播种期过早温度较低，需要覆盖地膜以增湿保温。为提高产量和棉纤维质量，在适当时期需要对陆地棉植株进行打顶去叶枝等整枝管理。整个生长期特别是蕾期要注意病虫害防治。收获应选晴天露水干后进行，及时关注天气和棉铃生长状况，分批次进行采收，以提高收获质量和效率。

小常识

当我们观察正在开花的棉田时，会惊奇地发现陆地棉的花朵颜色不一样，有的花瓣是白色，有的花瓣是粉红色，还有的是紫红色，即使同一植株上的花朵颜色也不相同。这是因为它的花朵在刚开放时时为乳白色，开放的中期是粉红色，然后颜色逐渐变深为紫红色。花瓣里的花青素在不同的时期显出不同的颜色。

◇ 你还需知道的

天然彩色棉花简称为“彩棉”，是自然生长的带有颜色的棉花统称。天然彩棉的颜色是棉纤维中腔细胞在分化和发育过程中色素沉积形成的，天然彩棉具有色泽自然柔和、古朴典雅、无需染色等特点，深受人们喜爱。早在4000年前，彩棉就在印度被使用，19世纪初期我国也种植过一种天然彩棉，纤维显紫色，其纺织品被称作“紫花布”。现在多利用转基因技术得到彩棉品种。

马铃薯

拼　音：mǎ líng shǔ
拉丁名：*Solanum tuberosum* L.

植物趣事

据说18世纪初期俄国彼得大帝游历欧洲时，在荷兰的鹿特丹以重金购买了一袋马铃薯，寄给他在俄国的亲信谢列麦契耶夫公爵，要求他种在宫廷的花园里，而且特意嘱咐一定要在俄国种植好。俄国马铃薯的栽培历史就是从这袋马铃薯开始的，后来逐渐发展到民间种植，并培育出适合本国种植的抗寒品种。

简介

图1　马铃薯植株

图2　马铃薯的块茎

别名　阳芋、洋芋、山药蛋、地蛋等。

生物学特性　马铃薯为茄科茄属的一年生草本植物。植株能长到30~80厘米高（图1），全株无毛或有细小的柔毛，地下茎块状，扁圆形或长圆形，直径3~10厘米，外皮颜色丰富，有白色、红色、紫色等（图2）。叶片是奇数复叶，每片复叶上都有6~8对小叶，小叶中较大的长度能达到6厘米，宽3厘米，最小的小叶长、宽还不到1厘米，小叶中的大、小叶片常相间而长，排列得很有规律。夏季，马铃薯通常在枝顶盛开出一簇白色或蓝紫色的小花，花序像一把小伞，这种花序称为伞房花序（图3）。在它的花萼上会长有一些稀疏的柔毛，形状很像一个钟，花瓣裂成5个三角形。果实为圆球状的浆果，表皮光滑，直径大约1.5厘米。

分布　马铃薯原产于南美洲安第斯山区，人工栽培史最早可追溯到公元前8000年到公元前5000年的秘鲁南部地区。

应用价值

食用价值　马铃薯的食用部位为由茎的侧枝变态成的短粗的肉质地下块茎，内贮丰富的营养物质。马铃薯的块茎含大量的淀粉，其蛋白质中含有品质较高、易于人体吸收的赖氨酸和色氨酸；马铃薯也是所有粮食作物中维生素含量最全的，其含量相当于胡萝卜的2倍、大白菜的3倍、番茄的4倍，B族维生素更是苹果的4倍。特别是马铃薯中含有禾谷类粮食作物所没有的胡萝卜素和维生素C，其所含的维生素C是苹果的10倍，且耐加热。

药用价值 马铃薯的块茎对调解消化不良有很好的效果，是胃病和心脏病患者的优质保健品。有研究表明，马铃薯的块茎中含有的抗菌成分有助于预防胃溃疡，它不仅有抗菌效果，同时不会造成抗药性。

图3 马铃薯的花

栽培技术

马铃薯一般在早春繁殖，最适发芽温度为15～20℃，通常采用块茎进行无性繁殖。菜市场上买的土豆可以繁殖，但因为没有经过专门的杀菌，会影响它之后的生长，所以种植时最好购买专门培育的无菌种薯。将种薯切成小块，保证每个小块上都有1～3个芽眼。做垄，挖好定植穴，株距30厘米，深度应不低于10厘米（20厘米最佳，但不要超过30厘米），施一些基肥后就可以把种薯放在穴中，覆土，再浇透水。2～3周即可发芽，随着小苗的生长，需要陆续培土，不要让块茎裸露出来，以保证产量。7周左右就可以挖出食用小块茎了，等地上部分枯黄了，块茎就完全成熟了。

小常识

（1）野生的马铃薯很小，味道苦涩，有毒，是不能食用的。

（2）美国孟山都公司培育的转基因马铃薯是受美国专利保护的，在交给他人试种的时候，是不允许私自留种切块自行繁殖的，如果留种，那么就违反了美国联邦法律。

◇ 你还需知道的

（1）在秘鲁，当地农民除了种植普通的块茎土黄色的马铃薯，还种植了约3000种块茎五颜六色、形状各异的马铃薯，堪称是世界上马铃薯品种最为丰富的地区，而中国则是世界马铃薯总产最多的国家。

（2）2015年，我国启动马铃薯主粮化战略，推进把马铃薯加工成馒头、面条、米粉等主食，马铃薯将成为我国水稻、小麦、玉米之后的第四大主粮作物。想一想，扩种马铃薯成为我国主粮作物，对保障国家粮食安全有什么重要的意义？

（3）有报道称2015年春季在测试市场上引入转基因马铃薯，你知道转基因马铃薯主要改良了原始马铃薯的哪些性状吗？

南瓜

拼　音：nán guā

拉丁名：*Cucurbita moschata*（Duch. ex Lam.）Duch. ex Poiret

植物文化

每年的秋天，瓜果飘香，树上的水果、干果都到了成熟的季节，田野里也是一派丰收的景象，在田间地头各种的藤蔓上结满了大大小小的果实，其中南瓜是最常见的，基本上在田野的每个角落都可以看到它各种各样的身影。南瓜的名字很多，有北瓜、番瓜、饭菜瓜、倭瓜等。说起“倭瓜”这个俗称，《红楼梦》第四十回中便有出现：史太君两宴大观园，金鸳鸯三宣牙牌令，刘姥姥二进大观园，与贾母一起行酒令。刘姥姥不会作诗，所对辞令都来自于她的生活，比如鸳鸯道“凑成便是一枝花”，刘姥姥两只手比划，笑着对“花儿落了结个大倭瓜”。虽然不那么雅致，倒也押韵。辞令中的“倭瓜”就是南瓜的另一个名字，而且她给大观园带的礼物中，也有倭瓜。看来在清代南瓜已经被老百姓广泛种植。倭瓜这个名字也是当时误传南瓜是从日本传入我国而得来的。

简介

别名　倭瓜、番瓜、北瓜。

生物学特性　南瓜为葫芦科南瓜属一年生蔓生草本植物，茎常节部生根，茎上有白色短刚毛（图1）。叶片宽卵形，有5角裂或者5浅裂，长10~25厘米，宽20~30厘米，叶片上有密密的白色刚毛和茸毛，常有白斑，叶脉隆起，叶背面绿色较淡，毛更密。叶腋有卷须和花，雌雄异花（图2、图3），雌花子房下位。花呈钟状，开口5裂，黄色，花梗粗壮且有棱和槽，表面也有刚毛。

图1　南瓜植株

自栽培以来，由于广泛的地理分布和自然进化以及育种学家们根据需要对南

图2　南瓜的雌花

图3　南瓜的雄花

瓜进行品种改良，所以现在我们可以看到不同形状的南瓜果实，有球形、扁圆形、葫芦形、椭圆形等（图4）；果实的大小也多样，大的果实重达数百千克，小的仅几十克；果实颜色也丰富多彩，有红色的、白色的、橙色的、黄色的、绿色的、复色的等；用途也多样，有食用的、籽用的、药用的、观赏用的等。南瓜植株形态也多样，有长蔓的、短蔓的、中蔓的等。

图4　各种形状的南瓜果实

分布　在南瓜的原产地南美洲，南瓜大约有5000年的栽培史。1492年后哥伦布将其带回欧洲，以后被引种到世界各地，大约明代开始进入我国。李时珍在《本草纲目》中说："南瓜种出南番，转入闽浙，今燕京诸处亦有之矣。"由于南瓜的抗逆性强，对环境适应性好，具有良好的栽培特性，在世界范围内广泛种植。

应用价值

食用价值　南瓜主要食用果肉部分，营养丰富而且全面，富含脂肪、蛋白质、南瓜多糖、果胶、纤维素、胡萝卜素以及多种矿物成分。不同的南瓜品种间营养成分也有差异，有一些南瓜的果实淀粉含量较高，可以与小麦、玉米的淀粉含量媲美。果实中还富含维生素。种子（也就是南瓜籽）富含氨基酸和脂肪，炒食香脆可口，是世界上重要的消闲食品。南瓜藤蔓的嫩尖也可以食用。此外，南瓜花的营养丰富，也可以食用，味道很鲜美。

药用价值 南瓜果实中富含粗纤维，可促进肠道蠕动帮助消化。南瓜果实中还有多种生物活性蛋白质和氨基酸，南瓜果实中多糖及环丙基结构的降糖因子（如CTY降糖因子）对治疗糖尿病有显著功效。南瓜的果实有“性温味甘，补中益气，润肺益心，横行经络”等作用，对预防脉管硬化、增强肝肠功能、防治高血压等有明显作用。

栽培技术

南瓜抗逆性强，适宜栽培，无论是大面积种植还是种在田间地头，粗放的管理就可以结果实。南瓜产量一般很高，如果水肥合理，人工搭架子让南瓜藤蔓爬上架子生长，挂果率会很高。如果没有搭架子，南瓜藤蔓在地上爬藤生长，也会结出果实。

选择籽粒饱满的种子，春末夏初，用40℃水浸种2～4小时后播种，直接播种也可以。一般用穴播的方式播种，播种深度3～5厘米。也可以先在温室育苗后移栽到大田。种子在13℃以上才能发芽，25～30℃为最适宜发芽温度，10℃以下或者40℃以上不能发芽。种植时一定要注意气候变化。南瓜属于短日照植物，雌花出现的早晚与幼苗期温度的高低和日照长短有很大关系，低温和短日照条件都可以降低第一雌花节位而提前结果实。

南瓜对于光照强度要求比较严格，在充足光照下生长健壮，弱光下生长瘦弱，易徒长，雌花容易脱落。

小常识

美国等西方国家在万圣节期间，雕刻南瓜果实是节日一项不可缺少的活动，雕刻用南瓜果实也成为千家万户不可少的节日礼物。我国在入冬至新年期间，小巧玲珑、色艳形特、种类多样的观赏用南瓜果实正成为家庭装饰美化的新宠。以果体硕大的南瓜果实为材料而进行的艺术雕刻也成为一种新时尚。

◇ 你还需知道的

南瓜的品种很多，我国储存的品种大约1000份。回想一下你见过的南瓜品种有多少？

水稻

拼　音：shuǐ dào
拉丁名：*Oryza sativa* L.

美丽的传说

相传在远古时代，炎帝神农氏到南方荒凉的山林，和族民们慢慢在这个地方生活了下来。可是由于主要以打猎为生，经常饥一顿饱一顿的，于是四处寻求解决办法。他打听到天上有一种草，结的籽好吃而且能使人有劲，于是决定上天寻点种子回来。可是炎帝没有翅膀，不能上天。有一位族人告诉他，八百里外有一个白胡子仙人，仙人一定有办法。炎帝神农氏咬牙翻过了九十九座大山，涉过九十九条河，终于找到了那位白胡子仙人。白胡子仙人给炎帝一件神衣，炎帝披上神衣“呼”地一下飞上了天。转眼炎帝就飞到天门前，守门的天兵却挡住去路不让炎帝进入，炎帝把来时路上的艰辛以及来意告诉天兵，请求天兵放行。天兵说：“不就是种子吗？我这里有，给你吧！”说完送给他一捧黄澄澄的种子。炎帝把种子揣进怀里像宝贝一样带回到人间，欢天喜地把种子种了下去，期待着种子发芽结果。可是一个月过去了，也不见种子发芽。“是不是播种方法不得要领？”神农氏去请教白胡子仙人。仙人摇头说：“你上当了！这是煮过的种子，已经熟了，不能发芽。真正的种子，在天坪里，有好多天兵天将把守。”说着仙人掏出一颗宝珠给炎帝，这是一颗人吃了后可以随意变化的神珠。炎帝得了宝珠，按仙人的指引飞到天坪外。果然天坪里铺满金灿灿的种子。神农氏摇身一变，化成一条天狗，偷偷溜到坪里，往地上一滚，身上顿时沾满了种子。这时天将发现了不速之客，凶狠地吆喝一声追过来。天狗撒腿就跑，一直逃到八百里宽的银河边，“扑通”一声跳进水中。可惜，身上的谷粒被水冲走了，只剩没碰到水的尾巴尖上沾着的几粒。炎帝将带回的种子称为水稻，炎帝还教会了人们种水稻。人们发现，水稻成熟后只有一串串稻穗上结种子，恰如长在天狗的尾巴梢上（图1）。

图1　水稻成熟

简介

别名　稻子。

生物学特性 水稻是禾本科稻属一年生草本植物，茎秆直立，高0.5～1.5米，叶披针形，叶鞘松弛，无毛（图2）。颖果长3～6毫米，宽2毫米左右。胚较小，为颖果的1/4。由于栽培历史长，有籼稻和粳稻、早熟稻和晚熟稻、糯稻和非糯稻之分，植株对环境的适应性差别很大，果实中淀粉的结构也有差异，米粒的口感也不相同。

图2 水稻植株

分布 水稻主要分布在亚洲和非洲的热带和亚热带地区，在我国南至海南岛，北到黑龙江，都有水稻种植。水稻的栽培历史可追溯到12 000～16 000年前的中国湖南。在1993年，中美联合考古队在道县玉蟾岩发现了世界最早的古栽培稻，距今14 000～18 000年。水稻在我国广为栽种后，逐渐向西传播到印度，中世纪引入欧洲南部。

应用价值

水稻是世界主要粮食作物之一，水稻所结果实即稻谷，稻谷仅去除稻壳后为糙米，营养价值高，糙米经继续加工，碾去皮层和胚（即细糠），基本上只剩下胚乳，保留了70%的产物比例，也就是人们常吃的大米或者白米。世界上近一半人口，包括几乎整个东亚和东南亚的人口，都以大米为食。大米的食用方法多种多样，有米饭、米粥、米饼、米糕等。大米除可直接食用外，还可以酿酒、制糖、作工业原料，稻壳、稻秆可以作为饲料。

栽培技术

水稻在我国栽培历史悠久，现在已经有成套的栽培种植技术。水稻栽培一般分为整地、育苗、插秧、管理施肥、收割几个步骤，其中前3个步骤最为关键。

小常识

水稻与稗草在开花之前非常相似，只有通过有无叶耳区别，稗草无叶舌叶耳。

◇ 你还需知道的

水稻的果实也就是我们说的稻谷，由谷壳、果皮、种皮、外胚乳、糊粉层、胚乳和胚等构成，我们吃的大米是仅保存了稻谷的胚乳而将稻谷的其余部分都脱去的制品，呈现白色，不能发芽。糙米是稻谷脱去外保护层稻壳，而将果皮、种皮、胚乳等留下来的稻米，呈现黄色，可以发芽。种植水稻时用完整的稻谷播种。

向日葵

拼　音：xiàng rì kuí
拉丁名：*Helianthus annuus* L.

美丽的传说

相传古代有一位农夫女儿名叫明姑，她憨厚老实，长得俊俏，却被后娘“女霸王”视为眼中钉，受到百般凌辱虐待。一次，因一件小事，明姑顶撞了后娘一句，惹怒了后娘，后娘便使用皮鞭抽打她，可一下失手打到了前来劝解的亲生女儿身上。这时后娘又气又恨，夜里趁明姑熟睡之际挖掉了她的眼睛。明姑疼痛难忍，破门出逃，不久死去，死后在她坟上开着一盘鲜丽的黄花，终日面向阳光，它就是向日葵，表示明姑向往光明、厌恶黑暗之意。这个传说激励人们痛恨暴力、黑暗，追求光明。

简介

别名　太阳花、朝阳花、转日莲、向阳花、望日莲、丈菊等。

花语　太阳、沉默的爱、爱慕。

图1　向日葵的花

生物学特性　向日葵为菊科向日葵属的一年生高大草本植物。茎直立，有白色粗硬毛，一般高1～3米，接近心形的叶片以互生的方式生长在粗壮的茎上。7～9月是向日葵的花期，每到这个时节，每株植物的枝顶都会顶着一个大大的“盘子”，这就是向日葵的花（图1）。花的直径10～30厘米，由很多像小舌头一样的黄色花瓣和数不清的棕色或紫色管状花组成，管状花承担了繁衍后代的重任，能够结出一大盘瘦瘦、长长、扁扁的瓜子（图2）。

图2　向日葵的种子

分布　向日葵原产于北美，现在世界各国均有栽培。前苏联人民热爱向日葵，并将它定为国花，后俄罗斯把国花仍定为向日葵。

应用价值

食用价值 向日葵种子即人们常说的瓜子，含油量很高，味香可口，榨的油是极好的食用油，能够促进细胞的再生，加强胆固醇的代谢，有助于清除血管壁上的沉积物。另外，它还含有丰富的维生素E和维生素B，每日食用一小把瓜子，对于抵抗衰老、保护皮肤起到一定的作用。

药用价值 向日葵种子、花托（果盘）、茎叶、茎髓、根、花等均可入药。种子油可作软膏的基础药，茎髓可作利尿消炎剂，叶与花瓣可作苦味健胃剂，花托有降血压作用。

栽培技术

向日葵一般在春季柳树飞絮的时节播种最为适宜。露地直播通常采用穴播法，在田地里施好基肥，翻好地，就可以挖2厘米左右的小穴，把用温水泡过的种子以尖端朝下的方式播入穴中，每个小穴放2～4颗种子。温度适宜（18～25℃）时，4～7天即可发芽。幼苗长出以后，陆续间苗留下最壮的小苗。开花和结籽前后可适当追肥，结籽的时候可以立个支柱，防止花头太过沉重而将茎秆压弯折断（图3）。待大多数葵花籽开始变干时，就可以将整个花托切下采收了。

图3 大面积种植的向日葵

小常识

向日葵的叶子在茎秆周围是呈旋涡式生长的，越高的叶片越小，这种有规律的排列可以让每一片叶子都能见得到阳光，充分发挥光合作用，帮助植物体制造更多的养分。

◇ 你还需知道的

（1）在北威州镇，德国人汉斯-彼得·希弗种出了一棵高达9.17米的世界上最高大的向日葵。

（2）向日葵的花朝向太阳的原因是什么？

（3）向日葵都是开着黄色的花，高高大大的吗？还有没有其他颜色的花，其他矮小的品种？

心叶日中花

拼　音：xīn yè rì zhōng huā
拉丁名：*Mesembryanthemum cordifolium* L. f.

植物趣事

王奶奶逛菜市场的时候，菜摊老板拿出“穿心莲”，说清热解毒、口感好，价格也不贵。菜摊老板说得天花乱坠，也没有把王奶奶说动，王奶奶心想：穿心莲可以到山里采一些，不用花钱在这里买。这天王奶奶去爬山，看到一片野生的穿心莲，特别高兴，就采摘了许多。回到家里，王奶奶把采摘的穿心莲洗干净凉拌，高兴地说穿心莲清热去火，又嫩又好。王奶奶的老伴这几天上火牙痛，一听说穿心莲清热去火，急忙夹了一筷子吃，可是她老伴的脸上马上出现痛苦的表情，并且把吃到嘴里的菜全吐了出来，表情扭曲地说：“这个菜太苦。”王奶奶说：“菜市场里有卖的，人家说了不苦，口感好，怎么会苦呢？”说着也夹了一筷子往嘴里送，吃后也吐了出来。饭后，王奶奶带着自已采的穿心莲到菜市场，与菜市场里的“穿心莲”一比较，怎么看都不是同一种植物。于是王奶奶就去植物园找植物专家，专家说菜市场里的“穿心莲”是心叶日中花，王奶奶采的是中药穿心莲。

简介

别名　花蔓草、牡丹吊兰、露草、心叶冰花、露花、太阳玫瑰、羊角吊兰、樱花吊兰等。

花语　上得厅堂，下得厨房，既美丽又实用。

生物学特性　菜市场里的“穿心莲”，其实就是园艺工作者所说的“牡丹吊兰”，都是心叶日中花这种植物（图1）。心叶日中花不但花美，营养价值以及口感也不错。心叶日中花为番杏科日中花属多年生常绿草本植物，虽不是吊兰，但因其枝蔓较柔软，伸长后呈

图1　心叶日中花

半匍匐状，枝条下坠，看起来跟吊兰很像，花又美，故被称作牡丹吊兰。叶片肥厚，叶色翠绿；茎四棱、柔软（图2），开花在枝条顶端，花瓣多数，玫红色，匙形，长约1厘米；雄蕊多数。花期从春至秋，赏花又观叶，是装饰客厅、窗台的绝好盆栽花卉。

分布 心叶日中花原产南非，在国内种植面积不大，主要作为花卉在庭院种植或者在阳台种植。

图2 四棱茎

应用价值

嫩叶及嫩茎可食，是阳台种菜的新宠，既可观花又可食用，是“颜值”很高的蔬菜。

栽培技术

心叶日中花适应性强，特别耐干旱，扦插极易成活。繁殖方法很简单，一般采用扦插法：截取一根成熟的枝条，稍晾片刻，然后插入准备好的盆土中，放到阴凉通风处，保持土壤稍湿润，几天过后就能看到枝条挺立起来，这就说明新枝开始生根了。如果在没有直射光的室内栽培，枝可长到几米长，但不开花。

心叶日中花喜阳光，宜干燥、通风环境。忌高温多湿，喜排水良好的沙质土壤。不耐寒，生长适宜温度为15～25℃。对肥水要求不高。一般3～9月是生长旺期，这期间需水量较大。9月过后，就进入生长缓慢期，此时要逐渐减少浇水量，为移入室内过冬做准备。

小常识 心叶日中花与中药穿心莲不是同一种植物，中药穿心莲是原产于我国的一年生草本植物，二者的相似之处是茎四棱。

◇ 你还需知道的

心叶日中花的营养价值高，维生素C的含量较高，但并不具有清热解毒的功效。

烟草

拼　音：yān cǎo
拉丁名：*Nicotiana tabacum* L.

美丽的传说

相对于“烟草有害健康”的说法，有关烟草的传说，外国和国内的都非常美。相传在南美洲印第安人的一个部落里，大首领的公主不幸去世，按当地印第安人的风俗，贵族和部落首领以及其亲属去世后要实行天葬，也就是让鸟兽啄食身体，人的灵魂就可以升天。公主被抬到野外，令人奇怪的是，几天后公主却活着回来了。问其原因，原来公主被一种植物的辛辣气味刺激而苏醒复活。部落的人们就去寻找这种植物，发现这种植物后命名为“tobacco”，从此，烟草就以“还魂草”的美名开始被人们利用。

在我国，传说有一对年轻的夫妻名叫潘小和陈姑，陈姑因暴病而死，潘小非常悲痛，几乎每天都要到陈姑的坟上哭泣。一天在陈姑的坟头上长出一棵小草。小草一年之内托了3个梦给他：夏天，叫他浇水施肥；秋天，让他收而藏之；冬天，请他燃而吸之。潘小都一一照办，动手做了长长的一根管子，装上烟，开始吸了一口，只觉晕晕悠悠，一切惆怅、愁事烟消云散。从此潘小如获至宝，随着漫长岁月，推而广之，吸烟成了人们的一种嗜好。

简介

别名　还魂草、仙草、妖草、思草、长命草。

花语　有你在身旁不寂寞。

生物学特性　烟草为茄科烟草属一年生草本植物，叶片上有毛，叶片矩圆状披针形（图1），不同的烟草叶片大小差异很大。烤烟、白肋烟的叶片比较大，长30～50厘米；香料烟的叶片较小，长约10厘米。烟草花序顶生，花漏斗状，淡红色，筒部色更淡，长3.5～5.0厘米（图2）。蒴果卵状或矩圆状，种子小、呈球形，直径0.5毫米

图1　烟草的叶片

左右。一个蒴果有大约300颗种子。

分布 烟草适应性强，几乎遍及世界各地，全世界约有120个国家种植烟草，在许多国家烟草是主要的经济作物之一。烟草传入我国大约在明朝万历年间。最近几年我国是世界上烟草种植第一大国，烟叶产量占全球30%左右，在我国从东北到海南都有种植，其中云南、河南、贵州、四川、山东等省的面积较大。

图2 烟草的花

应用价值

园林景观用途 烟草因为花朵美丽鲜艳被广泛用于园林布景。烤烟和香料烟作为经济作物一般会在栽培后期去其顶端，促进烟草叶片的厚度和成熟度，所以在烟田里很少看到美丽的烟草花。

其他用途 烟草叶片中的烟碱具有重要应用价值，烟碱具有杀菌、止血功能，能防治农作物病虫害和家畜皮肤寄生虫。烟碱还具有使精神兴奋与镇静的温和作用，可以缓解瑞特综合征、阿尔茨海默病、帕金森综合征等。烟草叶片中的泛醌10是治疗心肌梗死等心脏病的特效药。烟草还具有广泛的化工用途，烟草中含有多种有机酸、萜类等香精香料，是天然植物香源之一。

栽培技术

烟草是我国的重要经济作物，种植面积占耕地面积的7%。烟草种子比较小，种植时需要人工催芽。在37℃左右催芽后播种，中原地区一般3月初播种到育苗床，5月后选择壮苗、无病苗移栽，育苗后移栽到烟田（图3）。烟草的主要应用部位是叶

图3 烟田

片，叶片的品质决定其经济价值和使用价值，品种和栽培措施都会影响烟叶的品质。田间管理适当，适时浇水施肥、除草松土都有利于作物的生长。此外，及时防治病虫害，及时打顶去侧芽，适时采收成熟烟叶，才能得到品质好的烟叶。

小常识

烟草是植物王国的“小白鼠”，是有价值的科研生物材料之一。许多创新性研究都用烟草作材料，很多植物学现象及规律诸如光周期、植物营养、光合作用、光呼吸、有机代谢以及有关病毒和转基因的研究等，都于烟草研究中被发现。烟草在科学上被深入研究，与拟南芥一样，是分子生物学和基因工程研究的模式植物。

◇ 你还需知道的

（1）烟叶中有很多芳香类有机物，其叶片腺毛有分泌作用，可以通过显微镜看到叶片表面的腺毛（图4）。

（2）烟草经加工后成为人们的嗜好品，由于其叶片含有的尼古丁能使人兴奋且成瘾，有很多人一旦吸食就很难戒掉。因卷烟在引燃过程中产生大量的小颗粒物和致癌化合物，现在很多公共场所禁止吸烟。

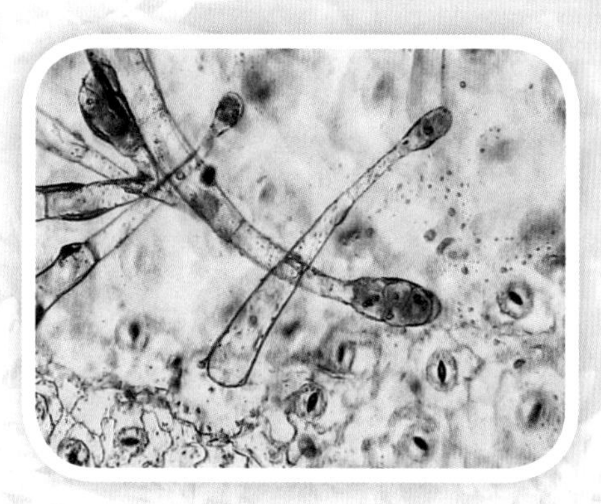

图4　烟草叶片表面的腺毛

油菜

拼　音：yóu cài
拉丁名：*Brassica chinensis* L.

美丽的传说

相传在很久以前，有一个以砍柴为生的彝族少年，名叫阿鲁。阿鲁砍柴路过村边的小河，常常见到一个年轻美丽的浣纱少女，颇为倾心。一日，阿鲁砍柴归来，见少女不慎跌入河中。阿鲁不顾危险跳入激流将少女救起。少女为答谢阿鲁的救命之恩，欲以身相许。但阿鲁深知自己贫困，不愿让少女跟自己受苦，便婉言谢绝。谁知那少女竟是天宫的仙女，因留恋人间美景偷偷下凡，爱上了善良淳朴的阿鲁，于是才安排了落水的戏码，故意引阿鲁相救。怎奈阿鲁态度坚定，少女苦求无果，只得返回天宫去。阿鲁见少女离去，内心充满了失落。数日后，阿鲁砍柴归来，忽见那少女站在河边，又惊又喜，赶忙上前询问。原来少女返回天宫并非离开，而是给阿鲁带回了一样东西，这东西便是天上的星星。少女让阿鲁将星星种在地上，等到来年地里开满黄色的小花，人们便能够过上快乐富足的生活，而那时她会再来找他。第二年春天的一个早上，阿鲁像往常一样准备进山砍柴，刚一出门便发现了漫山遍野的小黄花，美丽的景色让阿鲁不禁连连惊叹。而这些小黄花便是油菜花。油菜的丰收让阿鲁和乡亲们都富裕起来，而阿鲁也用小黄花做成花轿将少女娶进门，从此过上了幸福的生活。

简介

别名　小油菜、青菜、小白菜。

生物学特性　油菜为十字花科芸薹属的一年生或二年生直立草本植物。通常是25～70厘米高，全株光滑没有柔毛，叶的形状是倒卵形，深绿色，带有光泽感（图1）。在每年的三四月，油菜的顶端会抽出挺拔的花梗，自下而上依次着生许多黄色的小花，每朵小花都有4枚呈十字形状排列的花瓣，开花顺序也是由下而上的（图2）。花后会结出瘦长形的果实。

图1　油菜的叶子

分布　我国是油菜的主要起源国之一，在距今约7000年的陕西半坡新石器时代遗址里曾发掘出大量油菜籽。此外，早在公元前3世纪的《吕氏春秋》中就有关于油菜种植分布情况的记载，充分说明我国具有悠久的油菜种植史。

图2 油菜的花

应用价值

食用价值 油菜的茎、叶具有很高的营养价值，500克即可满足一个成年人一天的钙、铁及维生素需求。油菜的茎、叶富含多种矿物质，其中钙含量是绿叶蔬菜中最高的，每100克油菜可达140毫克，适量食用对骨骼、牙齿的发育都有好处；含有大量维生素，经常食用有助于增强机体免疫力，同时具有一定的抗癌效果；还含有丰富的植物纤维，能够改善人体消化系统功能。

油菜籽可用于榨油，其含油量可达35%～50%。菜籽油中含有不饱和脂肪酸和多种维生素，特别是维生素E，是食物中最重要的维生素E来源。

药用价值 油菜丰富的膳食纤维可以减少人体对油脂的吸收，帮助降低血脂；油菜中的纤维素改善肠胃功能，可缓解便秘的症状，并有助于预防肠道肿瘤；油菜还能增强肝脏的排毒机制，对丹毒、疱疹等疾病有治疗作用。

栽培技术

冬油菜通常在9月左右露地播种，可条播或撒播，气温在18～20℃最为适宜，低于18℃，一般在北方越冬的成活率达不到50%。注意，在土壤封冻前10天，白天气温在5℃左右，需要浇透一次越冬水，越冬期间可覆盖草炭土、枯树叶为油菜苗保暖，在第二年3月中下旬及时浇好返青水就可以了。春油菜一般在3月下旬露地播种，生长期间注意施肥和浇水。

小常识

油菜与大豆、向日葵及花生一起，并称四大油料作物。我国的油菜根据农艺性状，可分为白菜型油菜、芥菜型油菜和甘蓝型油菜，这3种油菜拥有不同的外形和生长特性，可适应不同的生长环境和用途。

◇ 你还需知道的

（1）2017年2月，云南省罗平县的油菜花海迷宫被上海大世界吉尼斯总部认证为“中国最大的油菜花迷宫”，其占地面积达到15000平方米。

（2）油菜除了作为蔬菜和油料作物以外，还能为我们提供一种优质食品，你知道是什么吗？

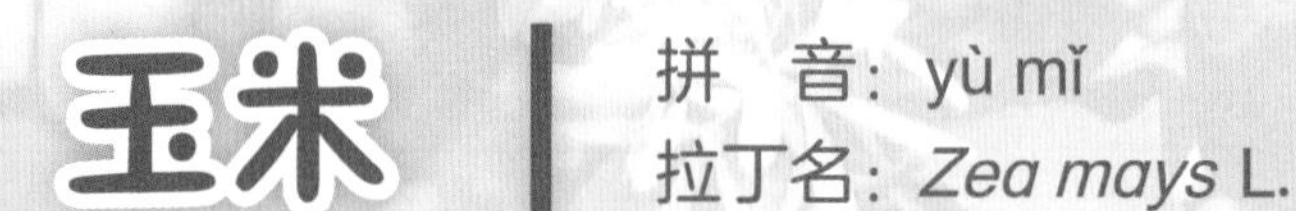

玉米

拼　音：yù mǐ

拉丁名：*Zea mays* L.

美丽的传说

据说古时候，辽东半岛一连几年闹灾荒，能吃的东西都被人吃光了，连种子都没有了，没法种地了。一天，一个老汉背着半袋种子，领着一个妇女，挨家挨户发放粮食种子：“乡亲们，你们把这个像人牙齿的种子种下去，到秋天就有饱饭吃了。”村里人说：“我们没见过这种东西，它叫什么名字啊？”老汉说：“叫饱米。你们种了它，饱米人吃，饱米秆子可以喂牛，牛吃饱了才能犁地。”

这位老汉领着妇女一连发放了好多天种子，有村民发现，发放这么长时间，他的米袋子却不见少，都很纳闷。后来他俩来到骆驼山西边一个叫大沟口屯的刘秀才家。这刘秀才是个讲究礼仪的人，他不敢乱开口，说：“敢问怎么称呼你们二位？”老汉说：“俺两口子。”刘秀才边想边说：“两口，吕也。莫非您老是大仙吕洞宾？”话刚落地，这老汉与妇女二人就不见了。

到了秋后，饱米获得了大丰收，家家都吃上了饱饭。这饱米的名字，用了好多年，后来演变成了叫苞米。再后来，又来了荒年，数以万计的人靠苞米渡过了难关。有人提议说，虽然咱们半岛上盛产珍贵的玉石，但在荒年里，苞米可以使人活命，玉石也赶不上苞米珍贵啊！不如将苞米改叫玉米，才名副其实，才能表达老百姓对它的感激。这就是苞米的正名叫玉米的由来。

简介

别名　玉蜀黍、棒子、包谷、包芦、苞米、珍珠米。

生物学特性　玉米是禾本科玉蜀黍属的一年生高大草本植物（图1）。秆直立，一般是没有分枝的，通常高1～4米，接近地面的部分生有气生根（图2），能够起到很好的支撑稳固作用。它的叶片扁平而细长。玉米的花不

图1　玉米植株

图2　玉米气生根

图3　玉米的线形花柱——玉米须

同于人们脑海中对花的印象，既不鲜艳夺目，也不娇小玲珑，不仔细观察根本不知道它什么时候开花了。

图4　玉米的雄穗

玉米属于雌雄同株异花植物，顶生的雄花序为圆锥状，花药橙黄色。雌花序通常被宽大的叶片基部包裹着（图3），雄穗（图4）开花一般比雌花吐丝早3～5天，所以当开花后，顶端雄穗上的花粉被风一吹就会落在下方的雌穗上，雌穗上就会慢慢长出玉米棒子，上面的籽粒一般是球形或扁球形，而且颜色除了金黄色，还有的品种为紫色、黑色、白色等。玉米的花果期通常在秋季。

分布　玉米在全世界热带和温带地区都有广泛种植，在日照时间段即使是夏季也不炎热的欧洲少有种植，所以，至今玉米也没有成为欧洲的主要粮食作物。

应用价值

食用价值　玉米的籽粒、胚、花粉、花丝和幼穗等均可食用。现代营养学分析，在禾谷类粮食作物中，玉米的营养成分是比较高的，它含有的磷、钙、铁、钾等矿物质都高于大米和小麦；玉米胚制成的玉米油含有较高的不饱和脂肪酸和维生素E，具有很高的营养价值。

药用价值 玉米的籽粒是重要医药原料，可以做成葡萄糖、青霉素、麻醉剂等。常食具有开胃、止血、利尿和降脂的功效。

栽培技术

通常玉米采用露地直接播种栽培，播种方式最多用的就是穴播和条播。如果地块小，人工穴播就可以，深度3～6厘米，每个穴播3～4颗籽粒，再覆土、镇压、浇水即可；如果大面积种植，通常采用播种机，方便、省时省力。当然，播种前若施上一些农家肥作为基肥，能够为玉米的生长提供良好的营养。

当玉米小苗长出2～4片真叶时，还需间苗，留一棵健壮的小苗作为定苗。生长期要注意给基部覆上一些土壤，有利于玉米气生根的生长，防止倒伏。另外，玉米吐穗期间是其生长发育最旺盛的阶段，充足的水分和适当的肥料能够很好地帮助玉米渡过这一关键时期。

小常识 因为玉米很容易授粉，如果在田里同时种了两个品种，要至少相隔25米才能有效地避免种间杂交而影响收成。

◇ 你还需知道的

（1）玉米是世界上分布广泛的粮食作物之一，种植面积仅次于小麦和水稻而居第三位。

（2）玉米籽粒能够呈现出金黄色的原因是什么？

（3）把一根玉米从中间切断，观察它的横截面周围着生的玉米籽粒是单数还是双数。为什么是单数或双数呢？

芝麻

拼　音：zhī ma
拉丁名：*Sesamum indicum* L.

美丽的传说

相传汉明帝时，浙江郯县人刘晨、阮肇二人到天台山采药迷路，遇到了两个仙女，仙女邀他们到家中用胡麻当饭招待。他俩因此返老还童，得道成仙，半年后返回老家时，老家已景物全非，子孙繁衍了七代，"一饭胡麻几度春"成为后世传颂的佳话。这当然只是传说，但芝麻确有良好的医疗保健作用，其健身延年的作用不可小看。

简介

别名　胡麻、脂麻。

生物学特性　芝麻为芝麻科芝麻属的一年生直立草本植物。一般能长到60～150厘米高，长有一点点细小茸毛的茎是中空的或有一些白色稀疏结构，基部的叶片通常呈3裂的掌状，上边的叶子是长卵圆形，叶柄长1～5厘米（图1）。在夏末初秋，叶腋处会开出1～3朵白色筒状小花，花瓣还常有紫红色或黄色的彩晕（图2）。果实像个缩小的圆枕头，上面有小小的柔毛（图3），里面包裹着排列整齐的小种子（图4）。因品种不同，种子有黑白之分。

分布　芝麻原产印度，我国汉朝时引入，古称胡麻，但现在通称脂麻，即芝麻。芝麻在我国栽培范围极广，历史也很悠久，是一种古老的油料作物。

图1　芝麻植株

图2　芝麻的花

图3　芝麻的果实

图4　芝麻的种子

应用价值

食用价值　种子榨油，芝麻油中40%为不饱和脂肪酸，易被人体吸收利用。芝麻油能增强声带的弹性，保护嗓子。芝麻的种子还因其含有丰富的卵磷脂，对提高智力、增强记忆力具有一定的作用。另外，芝麻酱也含有丰富的钙、铁等元素，经常适量食用对骨骼、牙齿的发育都有好处。

药用价值　中医认为，芝麻的种子有补肝肾、益精血、润肠燥、润五脏、通乳、生发等功效，可用于治疗身体虚弱、高血压、高血脂、咳嗽、头发早白、大便燥结等症状。

栽培技术

芝麻通常在初夏蚱蝉开始鸣叫的时节在地里栽种。可以采用点播或条播的方法直接露地播种。播种前对田地施适量基肥，然后开沟或挖穴，深度2～3厘米，株距10厘米左右，8～15天就能发芽。当幼苗长出真叶后，可以陆续间苗。待其开花时，要注意适当浇水，以利于结籽。当植株下部的果荚开始干裂时就可以采收了。

小常识　黑芝麻不是取自火龙果里，芝麻和火龙果是截然不同的植物，后者是来自热带沙漠地区的仙人掌科植物，只是两者种子形状和大小比较相像。

◇ 你还需知道的

（1）耳熟能详的南方黑芝麻糊集团开展的千人共磨黑芝麻、世界上最大碗的黑芝麻糊和千人共品黑芝麻糊三项世界之最在广西壮族自治区容县经济开发区诞生。

（2）根据人们常说的歇后语“芝麻开花，节节高”，你能发现芝麻开花的规律吗？

4 热带植物很神奇

番木瓜

拼　音：fān mù guā
拉丁名：*Carica papaya* L.

植物趣事

番木瓜原产热带美洲，关于番木瓜何时进入我国有两种说法。一种说法是，《岭南尽杂记》记载了番木瓜，这部书成书于17世纪末，说明我国栽培番木瓜至少有300年历史了。另一种说法是，宋代王谠的《唐语林》讲到了番木瓜，这本书是根据唐人小说的旧材料编写的。因此，番木瓜传入我国，最晚也应该在12世纪初，最早可能推至唐代。

《唐语林·卷三·夙慧》中讲到，一位名叫崔涓的郡守在湖上为朋友送行，有人送来一个番木瓜，由于在座的都没有见过这种水果，就好奇地相互传观赏玩。其中，在座的有一位太监，番木瓜传到他手中时，他就将番木瓜收起来，没有继续往下传，并对大家说："宫中还没有过这种水果，应该先拿去进贡给皇帝陛下才是。"于是，这位太监就带着番木瓜乘船回京了。郡守却为此事忐忑不安，满面愁容，生怕皇帝陛下收到番木瓜后会降罪于他，于是准备早早结束宴饮。这时候，在旁边助酒的一位官妓说："大人，请不用担心，只怕这个番木瓜过一夜就会被扔掉的，来不及送到宫中。"郡守才稍稍放下心来。不久，果然传来消息说番木瓜第二天就腐烂被太监扔掉了。郡守很诧异官妓是怎么猜中的，就去请教这位官妓。原来，番木瓜很难长期保鲜，特别是熟了的番木瓜再经过大家相互传观赏玩，表面被许多人的手触摸过，更加容易腐烂。

简介

别名　木瓜、万寿果、番瓜、满山抛、树冬瓜。

花语　诱惑。

生物学特性　番木瓜为番木瓜科番木瓜属的热带、亚热带常绿软木质小乔木，树干高可达8～10米，具有乳汁；茎不分枝或有时于损伤处分枝，具螺旋状排列的托叶痕。果实长于树上，外形像瓜，所以又名为"木瓜"（图1）。叶大，聚生于茎顶端，近盾形，直径可达60厘米，通常5～9深裂，每裂片再为羽状分

图1　番木瓜的植株

图2　番木瓜的雄花

裂；叶柄中空，长达60～100厘米。植株有雄株、雌株和两性株。花单性或两性，有些品种在雄株上偶尔产生两性花或雌花，并结成果实，有时也在雌株上出现少数雄花。

雄花（图2）：排列成圆锥花序，下垂；花无梗；萼片基部连合；花冠乳黄色，冠管细管状，花冠5裂，披针形；雄蕊有10枚，5长5短，短的几无花丝，长的花丝白色，被白色绒毛；子房退化。

图3　番木瓜的雌花

雌花（图3）：单生或由数朵排列成伞房花序，着生叶腋内，具有短梗或近无梗，萼片5枚，中部以下合生；花冠5裂，分离，乳黄色或黄白色，长圆形或披针形；子房上位，卵球形，无柄，花柱5，柱头数裂，近流苏状。

两性花：雄蕊5枚，着生于近子房基部极短的花冠管上，或为10枚着生于较长的花冠管上排列成2轮，花冠裂片长圆形，子房比雌株子房小。

浆果肉质，成熟时橙黄色或黄色，长圆球形、倒卵状长圆球形、梨形或近圆球形，长10～30厘米或更长，果肉柔软多汁，味香甜；种子多数，卵球形，成熟时黑色，外种皮肉质，内种皮木质，具皱纹。花果期全年。

分布　番木瓜原产热带美洲。我国福建南部、台湾、广东、广西、云南南部等地已广泛栽培。

应用价值

园林景观用途　树干笔直，树叶较大，可作园景树。

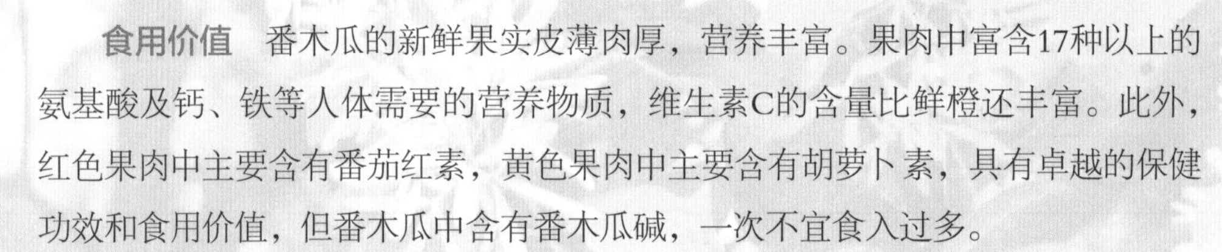

食用价值 番木瓜的新鲜果实皮薄肉厚，营养丰富。果肉中富含17种以上的氨基酸及钙、铁等人体需要的营养物质，维生素C的含量比鲜橙还丰富。此外，红色果肉中主要含有番茄红素，黄色果肉中主要含有胡萝卜素，具有卓越的保健功效和食用价值，但番木瓜中含有番木瓜碱，一次不宜食入过多。

药用价值 以果实入药，可生食或熟食，或切片晒干。治胃痛、痢疾、二便不畅、风痹、烂脚。果实中含有丰富的番木瓜碱，番木瓜碱具有抗肿瘤、抗菌和抗寄生虫作用，还具有抗凝、降压、抑制平滑肌的作用。

栽培技术

番木瓜多于10月中下旬至11月上旬播种繁殖，对土壤适应性较强，以疏松肥沃的土壤为好。喜高温多湿的热带气候，不耐寒，适宜生长的温度是25～32℃，气温10℃左右生长趋向缓慢，5℃幼嫩器官开始出现冻害，0℃叶片枯萎。因其根系较浅，忌大风，忌积水。最适合在年均温度22～25℃、年降水量1500～2000毫米的温暖地区种植。

小常识

2010年9月1日，我国颁发番木瓜农业转基因生物安全证书，正式引进转基因番木瓜商业种植。

◇ 你还需知道的

我们国家还有一些植物的名称中带有木瓜，如“皱皮木瓜”“木瓜海棠”。请你查阅资料了解番木瓜与皱皮木瓜（图4）、木瓜海棠（图5）有哪些区别。

图4　皱皮木瓜

图5　木瓜海棠

龟背竹

拼　音：guī bèi zhú
拉丁名：*Monstera deliciosa* Liebm.

美丽的传说

相传在西双版纳热带雨林里有一只小乌龟，被蛇咬了很多伤口，痛苦地爬着，好心的老爷爷看见后就收养了它。老爷爷每天去钓鱼给小乌龟吃，后来，老爷爷病了，小乌龟没有了食物可吃。过了一段时间，小乌龟死了。老爷爷把它埋进了树林边的土里。第二年，一棵节间像竹子一样的大大的圆叶植物长了出来，叶子上面布满了孔洞，乍一看很像乌龟的背壳（图1），老爷爷见了心里很高兴！就把这棵植物起名为龟背竹。

图1　龟背竹带孔洞的叶

简介

别名　蓬莱蕉、电线兰、铁丝兰、龟背芋。

花语　健康长寿。

生物学特性　龟背竹为天南星科龟背竹属常绿攀缘灌木，高可达3~6米，茎干翠色粗壮有节，很像竹子（图2），其上还长有气生根，其深褐色气生根纵横交叉，形如电线，所以也叫电线兰。龟背竹幼叶心形无孔（图3），长大后成心状卵形，厚革质，表面发亮，叶脉间有1~2个较大的椭圆形的洞孔，叶边长着许多羽状的裂沟，极像龟背，叶柄绿色，腹面扁平，背面钝圆，叶痕半月形。花具佛焰苞，厚革质，似船状，黄白色（图4）；内藏肉穗花序近圆柱形，淡黄色。花期8~9月。果实翌年成熟（图5）。

龟背竹常附生于高大榕树上，它的羽状平行叶脉清晰可见，形状酷似芭蕉，故叫“蓬莱蕉”。龟背竹叶片上的这种变化，是它在自然选择中逐渐形成的一种

图2 龟背竹像竹节一样的茎

图3 龟背竹的无孔的幼叶

图4 龟背竹像船一样的花

图5 龟背竹的果实

适应性构造。在龟背竹的原产地美洲热带雨林中，暴风骤雨十分频繁，这种奇特的叶子可以消风漏雨，减少叶子受压，有利于更好地生存。

分布 龟背竹原产墨西哥热带雨林中，福建、广东栽于露地，北方地区多室内盆栽。

应用价值

园林景观用途 龟背竹株形别致，叶片形状奇特，叶色常年碧绿，且富有光泽，观赏效果好。耐阴，是极佳室内盆栽观叶植物，可点缀客室和窗台。

食用价值 龟背竹的果序成熟后味美可食，常具麻味。但要注意果实未成熟不能吃，因为有较强的刺激性。

栽培技术

龟背竹常采用茎节扦插进行繁殖，宜在春、秋两季进行。以春季5月和秋季10月扦插最易成活。此期间气温适宜茎节切口生根。插条应选取生长健壮的当年生枝，带2～3个芽，长约20厘米，剪去基部的叶片，上端叶片保留一半，去除过长的气生根，保留短的气生根，可以吸收水分，利于成活。

营养土可用园田土：腐叶土：蛭石：珍珠岩=4：4：1：1的比例混合而成，扦插后保持盆土湿润，温度在25℃左右，约1个月长出新根。插条生根后，茎节上的腋芽也随之开始萌动展叶。

龟背竹属阴性植物，不能被阳光直射，可常年在室内有明亮散射光处培养。其怕干燥，耐水湿，土壤浇水要掌握“宁湿勿干”的原则，经常使盆土保持湿润状态，但不能积水，可经常进行叶面喷水。

小常识 龟背竹有夜间吸收二氧化碳释放氧气的特点。还能吸附甲醛、苯等有害气体，是净化室内空气的理想植物。

◇ 你还需知道的

（1）养一盆龟背竹，观察叶片的变化。

（2）龟背竹的繁殖除了插在盆土中，还可以插在花瓶，试试看吧！

（3）龟背竹不是竹子，只是它的茎节绿色、光滑，外形似竹。

含羞草

拼　音：hán xiū cǎo
拉丁名：*Mimosa pudica* L.

植物趣事

有一种有趣的花卉，它的复叶酷似鸟的羽毛，两侧对称。如果用手轻轻一碰，它那羽状小叶便很快闭合，紧接着叶柄会慢慢垂下，就像初涉人世的少女，因纯洁和朴实，才那样害羞，所以人们都叫它“含羞草”。

传说杨玉环刚进宫时，因见不到君王而终日愁眉不展。有一次，她和宫女们一起到宫苑赏花，无意中碰着了一种植物，那植物的羽状小叶很快便闭合起来。人们都说这是杨玉环的美貌使得花草自惭不如，羞得抬不起头来。唐明皇听说宫中有个“羞花的美人”，立即召见，封为贵妃。此后，“羞花”也就成了杨贵妃的雅称。

含羞草“羞”于见人，是由于在其叶柄的基部有一群薄壁细胞，里面充满了水分。当叶片受到外力时，薄壁细胞立刻失去水分，因而丧失膨压变软，失去支持能力，先是小羽片一片片闭合，拉着由于叶片的重量增加，导致整个叶柄下垂（图1），呈含羞状。如果静止10多分钟，薄壁细胞里的液泡会吸水恢复原状，小叶、叶柄、总叶柄会逐渐展开（图2），很是有趣。纤细娇弱的含羞草植株，触发闭合运动，是一种防御作用，因为它一动，就可以吓走接近它的动物。为了生存，它在长期的自然选择中，形成了这种适应环境的特殊本领。

图1　含羞草小叶闭合叶柄下垂

简介

别名　知羞草、怕痒花。

图2　小叶、叶柄、总叶柄展开

图3　含羞草似球形的粉色花

花语　礼貌、含羞、敏感。

生物学特性　含羞草为豆科含羞草属亚灌木状草本植物。高可达1米，盆栽株高20～40厘米。茎圆柱状，具下弯的钩刺和倒生的刺毛。二回羽状复叶，通常有4枚羽状叶组成掌状复叶。小叶长圆形。夏、秋开花，头状花序圆球形；花小，淡粉红色，花冠钟状，裂片4枚，开花时，很像一个个粉红色的绒球浮在上面，非常好看（图3）。荚果长圆形，扁平，边缘有刺毛（图4），种子卵形，成熟后分节脱落。在北京地区花期7～9月，果期8～10月。

图4　含羞草的荚果

分布　含羞草原产热带美洲，我国各地均有栽培，供观赏。

应用价值

园林景观用途　含羞草的叶子小巧可爱，因其具有能感受外界刺激会动的特点，加之花的色彩美观，常用于花坛、花境栽植，也可进行盆栽。在公园或小区中成片栽植，景色非常宜人。含羞草从幼苗开始就有很好的观赏效果，到了夏、秋季节，植株上粉球状的花蕾较多，此谢彼开，观赏花期也很长。其羽叶纤细秀丽，又具有一碰即合的特点，给孩子以趣味横生之感。

药用价值 全草药用，有安神镇静的功效。主治神经衰弱、失眠等症；鲜叶捣烂外敷，可治肿痛及带状疱疹，能止痛消肿。

栽培技术

秋天，当含羞草的果实变成褐色时，果实就成熟了。采集一些果实，晾干后用手轻轻揉搓，种子就会脱落下来。放在干燥的地方保存，第二年4月就可以进行播种。可以种在土地上，也可种在花盆里。如果是春天播到花盆里，先向花盆装土到距离盆沿2厘米，然后浇透水，再填平土面，均匀撒播种子，最后覆盖1厘米的细沙土。若是想提早发芽，春季播种后，为提高盆土温度、保持湿度，在花盆上可覆盖一层塑料薄膜。发芽期间要保持土壤潮湿，出苗后，等到长出4～5片叶时，就可以进行移栽了。到了6～7月，天气热了，含羞草的叶也长多了，植株也长高了（图5），就可以进行触摸实验了。含羞草的果实成熟后，种子可自行散落，春天土地上会自生无数小苗。

图5 含羞草小苗

小常识

家里盆栽的含羞草既可以观叶，也可以观花。因它是喜光植物，如果家里没有南向窗户或阳台，就只能当作观叶植物来养护，看不到粉球状的含羞草的花，但是触摸实验还是可以进行的哟！

◇ 你还需知道的

（1）含羞草和跳舞草都是豆科里会“运动”的植物，它们的“运动”原理一样吗？

（2）请查阅资料，探究一下含羞草和跳舞草有什么区别。

红花羊蹄甲

拼　音：hóng huā yáng tí jiǎ
拉丁名：*Bauhinia blakeana* Dunn

美丽的传说

相传汉朝京城住着田氏兄弟三人，父亲去世后，意图均分了家产各奔东西，但门前种有一棵羊蹄甲，难以三人平分，于是争执不下。次日清晨，兄弟三人发现羊蹄甲竟然花落枯萎，不胜伤感：花木见分离枝叶都纷纷掉落，树犹如此，人何以堪？于是兄弟们打消了分家的念头，从此一家人和睦地生活在一起。此后，羊蹄甲便象征手足情谊难以轻易割舍，正如香港以此花为标，寓意与祖国不可分离。

简介

别名　紫荆花、红花紫荆。

花语　亲情，兄弟和睦。

生物学特性　红花羊蹄甲为豆科羊蹄甲属落叶乔木（图1）。叶片近圆形或阔心形，先端2裂（图2）。总状花序，顶生或腋生，同时复合成圆锥花序，被短柔毛（图3）；苞片和小苞片三角形；花蕾纺锤形；花萼佛焰状，有淡红色或绿色线条；花瓣红紫色，有短柄，倒披针形；能育雄蕊5枚，其中3枚较长；退化雄蕊

图1　红花羊蹄甲植株

图2　红花羊蹄甲的叶片

2～5枚，丝状，极细；子房具长柄，被短柔毛。通常不结果，花期全年，3～4月为盛花期。

分布 红花羊蹄甲广泛分布于岭南地区，在北方并不多见。

应用价值

园林景观用途 红花羊蹄甲树冠秀丽，花色鲜艳，盛开时繁花满树，在广东、广西及香港等地常用作行道树、庭园树等。

图3 红花羊蹄甲的花

药用价值 红花羊蹄甲的皮、花、根可入药，具有健脾燥湿、消炎止血等功效。

栽培技术

红花羊蹄甲采用播种繁殖。夏、秋季采收的种子可以直接播种，也可以将种子干藏，到第二年春天播种。当幼苗出齐后应及时分株，可以盆栽，也可以按20～25厘米株行距栽植。夏季高温时要避免阳光直晒，秋、冬季应保持干燥。北方栽种时，冬季应入温室越冬，最低温需要保持5℃以上。

小常识

许多人或许对红花羊蹄甲这个名字比较陌生，但如果提起香港特别行政区的区徽上的紫荆花，感觉就亲切多了。红花羊蹄甲1963年被定为香港的市花。1997年香港回归后，其花的图案被定为香港特别行政区的区徽图案。红花羊蹄甲的花大而美丽，紫红色，叶片的形状非常特别，呈羊蹄形。早春盛花时期，满树紫红色的花朵，颇为壮观。北方也有一种灌木叫“紫荆”，春季开花，花色同样为紫红色，5～8朵簇生，花凋落后才长出叶片。

◇ 你还需知道的

红花羊蹄甲和紫荆如何区别？

火龙果

拼　音：huǒ lóng guǒ

拉丁名：*Hylocereus undatus*（Haw.）Britton et Rose

美丽的传说

从前，有一位阿兹特克妇女在沙漠中迷失方向，她饥饿难耐、极度缺水，骄阳下渐渐失去了意识。她躺下身，闭上双眼，渐渐地她感觉自己进入到了另外一个世界……

冥冥中，她忽然听到从天上传来一个清晰而有力的声音，那声音告诉她，身边的植物可以挽救她的生命。她已经没有力气睁开眼睛，努力地把手伸向旁边，她感觉到身旁满是盘枝错节、交错生长的量天尺，量天尺丛中还挂满了发着炽热红光的大果子，那是点缀在量天尺丛中红彤彤的火龙果，犹如一把把跳动的火苗在此起彼伏地呼喊和激励着她：挺住！你能行！

梦幻中，她似乎看到一群娇艳多姿的仙女在向她微笑，身旁的枝干自行伸向她身下，缓缓地将她托起。她的手触碰到了一根枝杈，像是肥厚的量天尺，她不顾一切地折断它，手被刺得满是鲜血，但此时她已经感觉不到疼痛，被一股神奇的力量指使着，使劲啃咬这肥厚的量天尺，还吃下了一颗鲜红夺目的火龙果……

接着，神奇的事情发生了！这位阿兹特克妇女竟然渐渐苏醒过来，早已干裂的嘴唇竟然魔幻般地红润起来，并逐渐地传遍整个身体。她站起身，体力已经恢复如初，终于顺利地走出沙漠。

火龙果的传说就这样口口相传下来，人们把量天尺奉为神仙草，把火龙果奉为神仙果、仙蜜果。量天尺、火龙果成为一种神圣的象征，被世人所敬重，后来这个传统随着欧洲殖民主义的扩张而传遍全球。人们拜亲会友或者探望病人时，随手携带的果篮中必备一个火龙果，以表达诸多良好的愿望。

简介

别名　红龙果、龙珠果、仙蜜果、玉龙果。

花语　吉祥、美丽、长寿、坚韧。

生物学特性　火龙果为仙人掌科量天尺属的多年生攀缘性植物，它的果实外

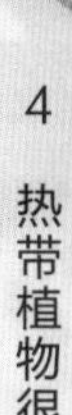

表像一团愤怒的红色火球，因而得名。火龙果植株无主根，侧根大量分布在浅表土层，同时有很多气生根，可攀缘生长。根茎深绿色，具3棱。棱扁，边缘波浪状，茎节处生长攀缘根，可攀附于其他植物或建筑物上生长，每段茎节凹陷处有小刺（图1）。由于长期生长于热带沙漠地区，其叶片已全部退化，光合作用功能由茎干承担。茎的内部是大量饱含黏稠液体的薄壁细胞，有利于在雨季吸收尽可能多的水分。

图1　火龙果的茎

火龙果的花通常在夜晚开放，第二天早晨凋谢。花为白色，巨大子房下位，花长约30厘米，故又有霸王花之称（图2）。花萼管状，带绿色（有时淡紫色）的裂片；具长3～8厘米的鳞片；花瓣宽阔，纯白色，直立，倒披针形，全缘。雄蕊多而细长，达700～960枚，与花柱等长或较短；花药乳黄色，花丝白色；花柱较粗，乳黄色；雌蕊柱头裂片多达24枚。

图2　火龙果的花

火龙果的果实为长圆形或卵圆形，表皮红色，肉质，具卵状而顶端急尖的鳞片，果长10～12厘米。果皮厚，有蜡质（图3）。果肉白色或红色，有近万粒具香味的芝麻状种子。

图3　火龙果的果实

分布　火龙果原产于中美洲热带沙漠地区，后由南洋引入台湾，再由台湾改良引进海南省及广西、广东等地栽培。

应用价值

园林景观用途 火龙果属于热带攀缘类植物，在我国南方地区可用于园林背景、配景和局部的点景。近年来，火龙果在一些地方也广泛地进行盆栽，既可摆设观赏，又能品尝到美味甘甜的果实。

食用价值 火龙果的果实营养丰富，其中富含糖、有机酸、膳食纤维，特别是膳食纤维的含量远高于苹果；果肉中还含有较高的蛋白质，其中包含有人体不能自身合成的8种必需氨基酸。此外，火龙果的果实中还含有钾、钙、镁等多种矿物质营养元素，是一种清爽可口的保健水果。

药用价值 火龙果的果实可以排毒护胃、促消化、清宿便，促进眼睛保健，增强骨质密度，预防贫血，降低胆固醇，还有解除重金属中毒、美白皮肤、抗自由基、防老年病变、瘦身、防大肠癌等功效。

栽培技术

火龙果通过播种、扦插和嫁接的方式进行繁殖，最常使用的是扦插繁殖法。选取生长充分的茎节，截成5～6厘米的小段，待伤口风干后扦插入土，扦插以后不需要过量浇水，保持湿润即可。待长出根后，宜放在光照充足、温度适宜的环境下生活。火龙果对土质无特殊要求，一般选择有机质丰富、排水性好的微酸性土壤种植即可。种植时可在火龙果植株旁立一个竖架，让其沿竖架生长。火龙果通常在种植后12～14个月开始开花，开花时可进行人工授粉，授粉后30～40天果实成熟。

小常识

火龙果果肉中几乎不含果糖和蔗糖，但是含有大量的葡萄糖，因此口感不甜但含糖量却比一般的水果要高。另外，火龙果的果皮含有非常珍贵的营养物质——花青素，花青素是一种强力的抗氧化剂，对人的身体健康很有益处。在吃火龙果的时候，尽量不要丢弃内层的粉红色果皮。花青素对温度敏感，所以火龙果以生食为佳。可以用小刀刮下直接生吃，或切成细条凉拌，榨汁食用也是不错的选择。

◇ 你还需知道的

（1）红心火龙果的营养价值更高吗？为什么？

（2）火龙果的果实中花青素含量有多少？你可以设计实验测定一下吗？

夹竹桃

拼　音：jiā zhú táo
拉丁名：*Nerium indicum* Mill.

美丽的传说

相传在远古的时候，夹竹桃的花只有纯白色。后来有一位公主，她爱上了自己的家臣，但遭到族人的强烈反对，公主为了和心上人在一起，毅然选择私奔。然而私奔之后，天真的公主发现家臣只是为了利益才接近她，并不是真心喜欢她。伤心欲绝的公主在夹竹桃树下自杀，她的血浸染了花朵，从此夹竹桃便有了白色和粉红色的花朵，而公主的怨恨也生成毒汁，随着夹竹桃的根茎蔓延开来。

简介

别名　柳叶桃树。

花语　不伦不类、当心、小心。

生物学特性　夹竹桃为夹竹桃科夹竹桃属常绿直立大灌木。叶革质，窄披针形，3~4片轮生，下枝为对生，叶面光亮。数朵花组成聚伞花序，顶生（图1）；花冠粉红色或深红色，有的白色或黄色（图2），有香气；花单瓣或重瓣，花冠为单瓣时呈5裂，花冠漏斗状，花冠喉部具5枚宽鳞片状副花冠；花冠为重瓣时，裂片组成3轮，内轮为漏斗状，外面2轮为辐状。蓇葖果长圆形（图3），种子褐色长圆形。花期几乎全年，夏、秋最盛；果期一般在冬、春季，栽培很少结果。

图1　夹竹桃的花

分布　夹竹桃原产印度及伊朗，我国引种已久，全国各地都有栽培。在我国长江以南，夹竹桃极易成活，常在公园、风景区、道路旁或河旁、湖旁周围栽培。

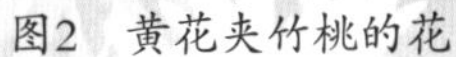

图2　黄花夹竹桃的花

图3　夹竹桃的果实

应用价值

园林景观用途　夹竹桃花大而艳丽，花期长，适于公园、绿色、路旁等地群植，盆栽观赏性也极高。香港铜锣湾高士威道一带人行道的一排夹竹桃树堪称一绝，每年4～11月，大朵大朵的花开在枝顶，虽然都是粉红色的，依然有红艳艳之感。

药用价值　夹竹桃的叶、树皮、根、花、种子均含有多种苷类，毒性极强，人、畜误食能致死。叶、茎皮可提制强心剂。

栽培技术

夹竹桃采用插条、压条繁殖，极易成活。扦插宜在春、夏进行，扦插前将插条基部浸入清水7～10天，可提高生根率和成活率。移栽应在春季进行，夏季移栽需要疏枝剪叶，以减少叶面水分蒸腾。长江以北地区可以盆栽，冬季需在温室越冬。

小常识　夹竹桃一直是种颇具争议的花卉，尽管花开艳丽，但夹竹桃的叶、茎、花、果实都有剧毒，因此要避免栽植在井边或其他水源附近。人们最初栽种夹竹桃不是为了美观，而是为了提取毒素，用于杀虫灭鼠。

◇ 你还需知道的

（1）除了夹竹桃以外，还有哪些植物也有剧毒，需要我们引起高度重视呢？

（2）我们该如何看待有毒的植物——夹竹桃，让它的毒汁可以更好地为人们所用呢？

咖啡

拼　音：kā fēi
拉丁名：*Coffea* spp.

美丽的传说

相传古时候有一个牧羊人，他每天都会去山上放羊。有一天他的羊突然开始蹦蹦跳跳的，很是奇怪。经过他仔细观察，发现原来是因为羊吃了一种红色的果子。出于好奇，牧羊人也采了一些这样的果子带回家，熬煮后满室芳香，煮出的汤汁味道可口，喝完感觉神清气爽。于是，这种果实的提神醒脑的好处便流传开来，越来越多的人喜爱它，它就是当今闻名天下的世界三大饮料之首——咖啡。

从15世纪以来，咖啡逐渐被传播到世界各地。在现代生活中，咖啡已经成为人们生活中不可或缺的一种饮料。许多人都有过喝咖啡的经历，然而对于植物“咖啡”，人们却并不熟悉。我们都知道饮料咖啡是用咖啡豆经过各种不同的蒸煮器具制作出来的，而咖啡豆，从植物学角度来说，就是咖啡树上红色果实内的种子。

简介

生物学特性　咖啡为茜草科咖啡属的常绿灌木或小乔木。叶片对生，薄革质，长卵形。花芳香，簇生于叶腋内；白色或浅黄色，高脚碟形或漏斗形。浆果长圆形，肉质，深红色，内有小核2颗（图1、图2）。

图1　咖啡的枝叶和果实

图2　咖啡的果实

分布 咖啡原产非洲，我国也有引种，主要有小粒咖啡、大粒咖啡，集中在海南、云南和台湾等地。

应用价值

园林景观用途 咖啡是重要的经济树种，也可以用于栽培欣赏。果枝可用于插花。

药用价值 咖啡豆中含有丰富的蛋白质、脂肪、糖类及咖啡因等物质，有很强的中枢兴奋作用，同时也能促进人体新陈代谢、消除疲劳。在医学上，咖啡因可用来作麻醉剂、兴奋剂、利尿剂和强心剂，以及可帮助消化。

栽培技术

咖啡采用播种繁殖，但种子从播种至出土所需的时间较长，推荐采用催芽移栽法育苗。咖啡幼苗不耐强光，必须架设荫棚。喜温暖、湿润及光照充足的环境，不耐寒，北方栽种时，冬季应入温室越冬。

小常识

咖啡原产地在非洲的埃塞俄比亚咖法省，“咖啡”一词就是来源于“咖法”这个地名。咖啡种类很多，其中被称为“香咖啡”的小粒咖啡产量最多，占咖啡总产量的80%以上。

◇ 你还需知道的

世界三大饮料除了咖啡，另外两种是什么？

龙船花

拼　音：lóng chuán huā
拉丁名：*Ixora chinensis* Lam.

植物文化

在古代，十字图形被用作驱邪避凶、去除病魔的符咒，而龙船花在盛开时，展开的花瓣正好呈现十字形，看上去就像一个符咒。于是，该花渐渐被人们当作一种吉祥花，每年端午节赛龙舟的时候，就把该花与菖蒲、艾草一起插在龙船上，以期盼来年邪魔远离、吉祥平安。久而久之，该花就被称为龙船花。

龙船花还与一个浪漫而有趣的婚俗习惯有关。缅甸的茵达人自古以来临水而居，有女儿的人家都会提前在房屋旁边的水面上用竹子和木头筑成一个漂浮的小花园，上面种满龙船花，然后用绳索将小花园拴在岸边。待出嫁那天，让精心打扮的女儿坐在小花园里，再将绳索砍断，小花园载着新娘缓缓漂向下游。新郎则早早就守候在下游的岸边，远远望去，新娘就像天上下来的花仙子，是上天赐予的礼物。待小花园漂到跟前，新郎跳到河水中，将小花园拉到岸边，然后牵着新娘回到家中幸福地举行婚礼。

简介

别名　英丹、仙丹花、百日红。

花语　团结、早生贵子、获得新生。

生物学特性　龙船花为茜草科龙船花属的常绿小灌木。株高0.8～2.0米，无毛。叶对生或4片轮生，叶形通常为披针形、长圆状披针形至长圆状倒披针形，顶端钝或圆形，基部短尖或圆形；叶柄极短或无，有托叶（图1）。花序顶生，多花，具短总花梗（图2）；总花梗呈红色，基部常有小型叶2片承托；苞片和小苞片微小，对生于花托的基部；

图1　龙船花的叶片

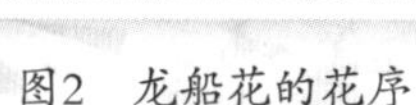
图2　龙船花的花序

图3　龙船花的果实

萼管长1.5～2.0毫米，萼檐4裂；花冠红色或红黄色，盛开时长2.5～3.0厘米，顶部4裂，裂片倒卵形或近圆形，扩展或外反；花丝极短，花药长圆形，长约2毫米，基部2裂；花柱短，伸出冠管外，柱头2，初时靠合，盛开时叉开，略下弯。果近球形（图3），双生，中间有1沟，成熟时红黑色；种子长、宽4.0～4.5毫米，上面凸，下面凹。

龙船花是重要的木本栽培花卉，花期每年5～7月。花色丰富，有红、橙、黄、白、双色等颜色。盛开时，远远望过去，众多的十字小碎花团在一起，五颜六色，像一个个明艳动人的绣球，又像一个个新娘手中的花捧，美丽极了。走进其中的一个绣球，一个个十字形花瓣尽情地舒展着，娇艳欲滴，分外妖娆。

分布　龙船花产于我国南部福建、广东、香港、广西等地。广泛分布于缅甸、越南、菲律宾、马来西亚、印度尼西亚等热带地区，是缅甸的国花。

应用价值

园林景观用途　龙船花在园林中用途很多，在我国南方多露地栽植。适合庭院、风景区等布置，高低错落，花色艳丽，观赏价值极佳；也适合盆栽观赏，应用于宾馆换摆、会场布景、窗台、阳台和各种客室摆设，小巧玲珑、花叶繁茂。

药用价值　龙船花可药用，用于散瘀止血、调经、降压。花用于月经不调、闭经、高血压，根、茎可治肺结核、咯血、胃痛、风湿性关节痛、跌打损伤等病痛。

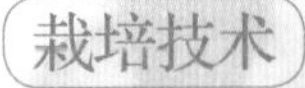

栽培技术

龙船花通常在冬季采种，春季播种，发芽适温为22～24℃，播种后20～25天发芽。也可以采用扦插繁殖，通常在6～7月扦插为好，选取半成熟枝条长10～15厘米插入沙床，温度为20～30℃，插后40～50天生根。种植龙船花应该选择肥沃、疏松和排水性能良好的土壤，pH控制在5.0～5.5。龙船花喜湿怕干，因此应适当浇水；宜放在阳光充足的地方，但夏季强光时应适当遮阴，可延长花期。

小常识

龙船花在我国南方地区常被称为水绣球，可是它与木绣球分属不同的科。龙船花为茜草科，而木绣球为忍冬科，而且木绣球几乎全为无性花，所谓的“花”只是萼片而已（图4）。

图4　木绣球

◇ 你还需知道的

龙船花与木绣球如何区别？

龙血树

拼　音：lóng xuè shù
拉丁名：*Dracaena draco* L.

美丽的传说

相传在很久以前，九龙江（现西双版纳境内）的龙宫里有九条龙。其中有一条性烈暴躁的狂龙，它排行老七，又贪又馋，总是肆意残害附近的百姓和牲畜。有一天，这条龙又出去游走，一直没有回来。管理龙群的海将将此报告给龙王，得知七太子不知去向，龙王即派总管当亚去寻找。当亚受命而去，从九龙江顺着澜沧江岔道威远江直到勐卧坝才找到了它。当亚用当地能驯服龙的“丫外怒”（音译，即芦粟，学名叫糖高粱，也称芦穄、芦黍、芦稷，是高粱的一个变种）坚韧的藤条把龙的鼻子穿通拉着顺江返回到昔俄，把七太子拴在细龙脉山的一个大鞍石上，然后到昔俄傣寨去，想要准备一副配搭于龙背的金鞍或者银鞍，以便骑着龙快速返回龙宫禀报。可是龙鞍还未准备好，住在山后江边的族人头领赶来昔俄向当亚报告说：“不得了，你拴着的那条龙发狂暴跳，用尾巴乱打，快把我们的龙脉捣毁了，龙的鼻子也快拉缺了，大家都很着急，要是怪龙挣脱绳子又出来伤人害命怎么办啊！请火速去解救。”当亚听后，赶紧去拴龙的地方，只见怪龙鼻子缺口处鲜血直流，打了一个喷嚏，龙血一直喷到了昔俄对面高山岩石上和平掌村后石山上。后来，龙血所喷到的地方都长出了龙血树林。

当亚再次制服了恶龙后，又到昔俄催促村民赶快扎制金鞍或者银鞍并许诺：“制金鞍的村民赠给他世代享受的大白鱼洞，制银鞍的村民赠给他虾子洞。”由于时间紧迫，只有三家（黄氏一家，周氏两家）做好了银鞍。当亚说：“你们三家制了银鞍就每家赠赐一个虾子洞吧。”当亚得了银鞍后，便将银鞍安放在龙背上，并坐在龙背的银鞍上顺威远江回到九龙江龙宫去。

今天的“龙血树”和“虾子洞”确确实实地存在于益智昔俄大山和碧安长梁子山上。如前面传说一样，“龙血所喷到”的山峰岩石都长满了成林成片的龙血树，它们常年绿色、外形美丽。

简介

别名 竹木参、山竹蔗。

花语 延年益寿、佑护子孙的吉祥象征。

生物学特性 龙血树为天门冬科龙血树属乔木状或灌木状植物。茎多木质，有髓和次生形成层，常具分枝（图1）。叶剑形、倒披针形或其他形状，有时较坚硬，常聚生于茎或枝的顶端或最上部，无柄或有柄，基部抱茎，中脉明显或不明显。总状花序、圆锥花序或头状花序生于茎或枝顶端；花被圆筒状、钟状或漏斗状；花被片6枚，不同程度地合生；花梗有关节；雄蕊6枚，花丝着生于裂片基部，下部贴生于花被筒，花药背着，常丁字状，内向开裂；子房3室，每室1～2枚胚珠；花柱丝状，柱头头状，3裂。浆果近球形，具1～3颗种子。

分布 龙血树属植物约有40种，分布于亚洲和非洲的热带与亚热带地区。我国有5种，产于南部。

图1　龙血树

应用价值

园林景观用途 龙血树株形优美规整，叶形、叶色多姿多彩，为现代室内装饰的优良观叶植物。中小盆花可点缀书房、客厅和卧室，大中型植株可美化、布置厅堂。

药用价值 龙血树可用于抗细菌等医学领域，以剑叶龙血树的药用价值为最高。剑叶龙血树受禾谷镰刀菌云南变种等真菌感染后，能形成植物防卫素，产生红色树脂。这种红色树脂就是中国传统的重要南药——血竭（龙血竭），黄酮类物质是其主要成分，大量研究表明该类成分具有明显的抗细菌、抗真菌、抗氧化、抑制血小板聚集、抗血栓和增强纤溶等活性。现代药理学研究表明，血竭能治疗各种血症、心血管疾病、溃疡、炎症、还有一定抗衰老、抗肿瘤作用。

栽培技术

龙血树引入我国后，除少数热带地区培育出种子外，其他地区主要采用高温插条及组织培养的方法进行无性繁殖。栽培以肥沃的沙质壤土为佳，排水力求良好，日照要充足。肥料可用有机肥料或氮、磷、钾，每1～2个月施用1次。随时剥除主干下部老叶，促进长高。龙血树喜高温，生长发育适温20～30℃。冬季要温暖避风，10℃以下低温应预防寒害。

小常识

龙血树深红色的汁液可以用来作为染料，或者用作小提琴的油漆。古代人还用龙血树的树脂作保藏尸体的原料，因为这种树脂是一种很好的防腐剂。龙血树材质疏松，树身中空，枝干上都是窟窿，不能做栋梁，烧火时只冒烟不起火，故不能当柴，所以又叫“不才树”。

◇ 你还需知道的

（1）龙血树被国家列为几级珍稀濒危保护植物?

（2）龙血树为什么被称为“植物寿星”?

旅人蕉

拼　音：lǚ rén jiāo
拉丁名：*Ravenala madagascariensis* Sonn.

美丽的传说

传说很多年以前，在非洲，一支商人的队伍行走在沙漠中，突然遭遇风沙袭击迷失了方向，走了几天几夜也没能走出沙漠。烈日炎炎，他们口渴难忍，精疲力竭。就在这时，有人发现远远的地方有一片绿色的植物，于是就赶紧跑过去。到那里一看，并没有水源。他们非常失望，有人折断了叶片，发现断裂处有水滴流出。他们一边惊喜地呼喊，一边尽情地吮吸，这支队伍得救了。后来，人们把这种植物称为"救命树"。

简介

别名　扇芭蕉、水树、救命树等。

花语　自由吉祥、长寿、幸福快乐。

生物学特征　旅人蕉为芭蕉科旅人蕉属多年生热带草本植物。貌似树木，其实是一种大型的草本植物。高5～6米，在原产地可高达20～30米。叶片长椭圆形，硕大奇异如芭蕉，叶子全部集中在粗壮茎干的顶端，左右两列，排成一个平面，如一把巨型折扇，形似孔雀开屏（图1）。花序腋生，花序轴每边有佛焰苞5～6枚，内有花5～12朵，排成蝎尾状聚伞花序（图2）。在非洲沙漠中，旅人蕉不仅能为人们遮挡烈日，而且还是天然的"饮水站"。旅人蕉的每个叶柄基部都是一个"贮水器"，可以贮藏数千克水，只要在上面划开一个小口，便会涌出清凉甘甜的水，供人们消暑解渴。而且"贮水器"可以自动关闭开口并补水，一天后还可再次为旅行者提供饮水。旅人蕉对旅行者如此热情好客，被马达加斯加的人民称为"沙漠甘泉"。

图1　旅人蕉形似孔雀开屏

分布 旅人蕉原产非洲马达加斯加岛，深受当地人喜爱，被誉为“国树”。

图2 旅人蕉的蝎尾状聚伞花序

应用价值

园林景观用途 旅人蕉株形别致，姿态优美，叶片硕大奇异，是热带风光的标志，在北方地区的温室、宾馆、饭店可室内盆栽观赏。

栽培技术

旅人蕉常用分株繁殖。在早春或开花后结合换盆，从根茎处切开分栽到花盆中，栽之前要施足底肥，栽植深度与之前持平，栽后要及时浇水，并放到有散射光的地方养护15天，待有新叶长出再搬到阳光充足的地方正常养护。为保证植株生长健壮，还需要定期施肥，每月1次。夏季阳光充足时，还需适当遮阳。北方地区冬季应搬到阳光充足的室内越冬。

小常识

旅人蕉叶子里的水是从哪里来的呢？

生长在沙漠里的旅人蕉，其根系尤为发达，能扎到很深的土层里吸收地下水。旅人蕉叶片巨大、叶柄肥厚，就像一块大大的海绵，成为天然“贮水器”。一般生长在沙漠中的植物由于缺水的原因，叶子都很小或者退化成鳞片状，但是，因旅人蕉的叶子表面生有保护层，可以折射灼热的阳光，从而使植株体内储存下来的水分免于被蒸发。所以，即使在炎热的夏季，它体内也有足够的水分，不致干枯。但在茫茫的沙漠中，在从旅人蕉叶柄基部获取水的时候，划的口应尽量小一点，以留些给植物自用和他人备用。因为那可是大自然赐予人类的“救命之水”！

◇ 你还需知道的

旅人蕉和鹤望兰长相十分相似，你可知道如何区别？

旅人蕉叶子比较长、较薄，像芭蕉叶一样，易分叉，而且叶子是一片搭在一片上往上叠得很高，最后下部会形成茎干。鹤望兰的叶子短一些、硬一些，不易分叉，一直都是从基部生出，不会往上叠加生长。

面包树

拼　音：miàn bāo shù
拉丁名：*Artocarpus incisa*（Thunb.）L.

美丽的传说

在夏威夷地区，流传着这么一个传说：面包树来源于战争之神“枯”的献身。据说战神“枯”在经历了战争之后过起了凡人的隐居生活，在人间娶妻生子，躬耕务农。但是不久之后，一场饥荒席卷了整个岛屿。战神无法眼睁睁地看着自己的孩子承受饥饿的痛苦，于是就对他的妻子说，他要带领大家摆脱饥饿的困扰，但是代价就是以后自己再也不会回来了。就在“枯”的妻子艰难点头同意的时候，“枯”的身体开始向地面下陷，一直陷到只有头顶可以看见。他的家人们日夜守候在“枯”的身体边，用泪水浇灌着它，突然，那里长出了一个小小的新芽，很快这个嫩芽就长成了一株枝繁叶茂的大树，上面挂满了果实，“枯”的亲人和乡邻们靠着这些果实渡过了饥荒。

简介

别名　面包果、罗蜜树、马槟榔、面磅树。

花语　伟大的爱。

生物学特性　面包树是桑科波罗蜜属常绿植物（图1）。面包树非常高大，可达10～15米；树皮灰褐色，粗厚，这一点可同猴面包树加以区分。面包树叶片一般比成年男性的手掌更为宽大，长10～50厘米，表面光滑，没有附着的毛，成熟的叶片羽状分裂，两侧多为3～8羽状深裂。面包树的果实（聚花果）为倒卵圆形或近球形，未成熟时绿色至黄色，表面具圆形的瘤状凸起，成熟时逐渐转变为褐色至黑色（图2）。

图1　面包树

图2　面包树的果实

分布　面包树原产太平洋群岛及印度、菲律宾，为马来群岛一带热带著名林木之一。我国台湾、海南亦有栽培。

应用价值

园林景观用途 面包树非常高大，适合作为行道树、庭园树木栽植。我国南方也有些公园种有面包树，台湾省的村庄前后也都种有面包树。北方地区的观赏温室里也常栽种这种植物。

栽培技术

面包树在海拔低于650米的地区生长得最好，最佳的土壤pH为6.1～7.4，对土壤要求不严，沙土、壤土或沙质黏壤土均可生长，甚至在珊瑚砂和盐碱土里也可以生长。要求的温度是16～38℃，平均降水量200～250厘米。

小常识

一提到面包树，很多人都会想到又粗又光滑的树干和像伞盖一样的树冠，这其实是把面包树（图3）和猴面包树（图4）弄混了，猴面包树是原产于非洲的一种乔木，矗立在广袤无垠的草原上，形成了独特的稀树草原景观。猴面包树果实成熟的时候，总会有大批的猩猩、猴子前来品尝这美味佳肴，因此得名。

图3 面包树

图4 猴面包树

◇ 你还需知道的

1769年，著名的植物学家约瑟夫·班克斯随着库克船长的探险船队来到了南太平洋的塔希提岛，发现了生长在那里的面包树。他们认为面包树是一种经济价值很高而且产量也非常可观的作物，不过当时他们并没有大规模引入这种植物的想法。后来美洲殖民地不断扩张，种植园的庄园主急切地希望能引入一种物美价廉的食物供奴隶们食用，这时植物学家们才又想起了面包树。于是他们派出了一支船队把面包树从塔希提岛专程引种回来。不过事与愿违，尽管引进的过程非常成功，面包树在新地方生活得也很好，但是奴隶们却拒绝食用这种闻着像面包、吃着像土豆的果实。

菩提树

拼　音：pú tí shù
拉丁名：*Ficus religiosa* L.

美丽的传说

相传在2500多年前，古印度北部的迦毗罗卫王国的王子乔答摩·悉达多为了解救受苦受难的老百姓们，毅然放弃了舒适的王族生活，出家修行，寻求生命的真谛。经过多年的修炼，有一次他在菩提树下静坐了7天7夜，战胜各种邪恶诱惑，终于获得大彻大悟，修炼成佛陀。所以梵语称菩提树为"菩提婆力叉"，"婆力叉"就是树的意思，"菩提"意为悟道。在印度，菩提树被奉为神圣树木，也是印度的国树。

唐朝的六祖慧能写过"菩提本无树"的诗句，但是释迦牟尼佛祖在菩提树下证悟的传说却广为流传，那菩提树到底是某一种现实存在的植物，还是仅仅是个传说呢？其实原本只有佛祖证悟处的那一棵神树名叫菩提树，然而，随着佛教的盛行，与神树类似的树木都被人们称为菩提树了。以植物学而论，菩提树是榕树的一种，其拉丁名翻译过来就是"神圣之榕"。

简介

别名　思维树、佛树、神圣之树。

花语　神圣、觉悟、智慧。

生物学特性　菩提树为桑科榕属常绿乔木，具有气生根。树冠广展，枝条茂密（图1）。叶片革质，三角卵形，全缘或叶缘波状，先端骤尖，顶部延伸为尾状，基部宽截形至浅心形，基生叶脉三出；叶柄纤细，有关节，与叶片等长或长于叶片（图2）。隐花果生于叶腋，球形至扁球形，成熟时为红色。花期3~4月，果期5~6月。

图1　菩提树

分布　菩提树在我国广东、广西、云南等地都有栽培。

图2　菩提树的叶片

应用价值

园林景观用途　菩提树树姿优美，叶形绮丽，可用作行道树、庭园树，寺庙中较为常用。

栽培技术

菩提树可采用种子或者插条繁殖，田间定植时应选择土层疏松深厚、富含有机质的缓坡地。当定植恢复生长后，要定期除杂草，并修枝整形，保持树形优美。

> **小常识**
> 菩提树的叶尖细长，是热带雨林植物常年来为了适应环境进化而来的特点，以利于叶片表面的水膜积聚成水滴流淌下来，使叶片表面很快变干，带走附着物，促进叶片呼吸作用和光合作用。

◇ 你还需知道的

（1）菩提树的气生根是为了适应热带雨林的环境进化而来的吗？

（2）热带雨林植物还有哪些特点？

使君子

拼　音：shǐ jūn zǐ
拉丁名：*Quisqualis indica* L.

美丽的传说

相传在三国时期，刘备的儿子刘禅得了一种怪病，这种病使他面色萎黄、四肢枯瘦、浑身无力，肚子胀得像面鼓，一叩即“嘭嘭”直响。刘禅还经常哭着、闹着要吃黄土、生米一类的东西。一天，刘禅要去野外玩耍，刘备便派两名士兵带他去附近玩玩。谁知，刘禅回家后，突然又吐又泻，两手捧着肚子直喊疼。两士兵瞧见刘禅又哭又叫，捧腹而滚，吓得跪在地上不敢起身。刘备忙问他们刘禅到底在外边吃了什么，其中一个士兵战战兢兢地跪拜道：“小公子看见一种野果，哭喊着要采摘。小的们劝他不住，就让他摘几颗拿着玩。可能是小公子吃了那种果子，所以腹痛！”刘备一听，认为刘禅是吃野果中毒。立刻叫两个士兵去找大夫。谁知那两个士兵出门后不多时，刘禅便拉下了许多蛔虫和蛋花样东西，之后便不哭不闹了，还嚷着说肚子饿。待刘禅喝了半碗稀粥后，又拉了些蛔虫，然后便独自玩了起来。等大夫赶到时，刘禅早就安安静静地睡熟了。

日后，刘禅的身体逐渐好了起来，黄土、生米一类的东西也不要吃了。刘备眼看着儿子的身体日渐好转，兴奋不已，暗自思索，定是那种野果治好了儿子的怪病。他便命那两个士兵带了十几个人，到野外采集那种不知其名的野果。采后把它晾干，碾成粉末，散于民间，医治像刘禅一样的怪病。这种果实真的很有效。于是，百姓便抬着猪羊，敲锣打鼓，喜笑颜开地来到刘备军中致谢。刘备拿出状似橄榄、有棱有角的野果问及大家这叫什么名字，百姓却摇头不知。这时，只见一个书生模样的人挤入人群，大声言说：“既然这野果不知其名，而最先品尝此果的人是刘使君的公子，那就不妨称它‘使君子’吧！”众人一听，连连击掌称好！

简介

别名　留求子、史君子、四君子。

花语　身体健康。

生物学特性　使君子为使君子科使君子属攀缘状灌木。高2～8米，小枝被棕黄色短柔毛。叶对生或近对生，叶片膜质，卵形或椭圆形（图1），长5～11厘米，宽2.5～5.5厘米，先端短、渐尖，基部钝圆，表面无毛，背面有时疏被棕色柔毛，侧脉7或8对；叶柄长5～8毫米，无关节，幼时密生锈色柔毛。顶生穗状花序，组成伞房花序式（图2）；苞片卵形至线状披针形，被毛；萼管长5～9厘米，被黄色柔毛，先端具广展、外弯、小形的萼齿5枚；花瓣5枚，长1.8～2.4厘米，宽4～10毫米，先端钝圆，初为白色，后转淡红色；雄蕊10枚，不突出冠外，外轮着生于花冠基部，内轮着生于萼管中部，花药长约1.5毫米；子房下位，胚珠3枚。果卵形，短尖，长2.7～4.0厘米，径1.2～2.3厘米，无毛，具明显的锐棱角5条，成熟时外果皮脆薄，呈青黑色或栗色；种子1颗，白色，长2.5厘米，径约1厘米，圆柱状纺锤形。花期初夏，果期秋末。

图1　使君子的叶片

图2　使君子的花

分布　使君子主要分布于四川、贵州至南岭以南各处，长江中下游以北无野生记录。在印度、缅甸至菲律宾等国部分地区有分布。

应用价值

园林景观用途　使君子花色艳丽，叶绿光亮，是园林观赏的好树种。花可作切花用。

药用价值　使君子性味甘、温，入脾、胃经，有杀虫消积之功，适用于肠道蛔虫症及小儿疳积，于治疗小儿病患上已有1600多年历史。

栽培技术

使君子可以用种子、分株、扦插和压条繁殖。

（1）种子育苗移栽。于秋季采成熟饱满果实，随采随播，或混湿沙贮藏春播。实生苗高30厘米左右即可定植。

（2）分株繁殖。于3月取健壮母株的萌蘖移栽。

（3）扦插繁殖。有枝插法和根插法。

①枝插法：2～3月或9～10月，剪取1～2年生健壮枝条作插条，插条长20～25厘米，斜插于苗床上，于次年移植。

②根插法：12月至次年1～2月，将距离主根30厘米以外的部分侧根切断挖出，选径粗1厘米以上的侧根剪成长约20厘米的插条，扦插于苗床，1年后移植。

（4）压条繁殖。2～3月将健壮长枝弯曲埋入土中，或波状压条，生根后截取移植。

以上方法繁殖的种苗，在2月中下旬或雨季定植。行株距3.3米×2.3米，穴中施厩肥，与土混匀，每穴栽苗1株，栽后浇水定根。

小常识

使君子虽然有治病的功效，但是不能与热茶同时服用，大量服用会引起呃逆、眩晕、呕吐等反应。

◇ 你还需知道的

使君子为什么能够驱肚子里的蛔虫？

苏铁

拼　音：sū tiě
拉丁名：*Cycas revoluta* Thunb.

植物文化

图1 “活化石植物”——苏铁

苏铁是世界上古老的种子植物之一，曾经和恐龙一起称霸地球，被植物学家称为“活化石植物”（图1）。许多种苏铁构成一个大类群——苏铁科植物。苏铁科植物共保存约10属约110种，主要分布在南北半球的热带及亚热带地区，我国野生的有1属（苏铁属）约24种。俗话说“铁树开花，哑巴说话”“千年铁树开了花”，许多人误认为苏铁需要上千年才能开花，但是实际上在热带地区，10年以上的苏铁几乎年年可以开花。相传苏铁的生长发育需要土壤中有铁元素，如果它生长状况不好，在土壤中加入一些铁粉，就能使它恢复健康。有些人干脆把铁钉直接钉入生长苏铁的花盆内，也能起到很好的效果。这也是苏铁的俗名“铁树”的由来！

简介

别名　铁树、避火蕉、凤尾铁等。

花语　长寿富贵，吉祥如意。

图2 初生内卷的小叶

生物学特性　苏铁是苏铁科苏铁属常绿棕榈状木本植物，茎高1～8米。茎干圆柱状，不分枝。叶从茎顶部长出，叶子羽毛状、厚革质而坚硬，小叶线形，初生时内卷（图2），后向上斜展。雌雄异株，6～8月开花，花期可长达1个月，雄球花圆柱形（图3），小孢子叶木质；雌球花馒头形（图4），大孢子叶宽卵形，上部羽状分裂（图5），其下方两侧着生有2～4枚裸露的直生胚珠。种子12月成熟，种子大、卵形，熟时朱红色（图6），极富观赏性。

分布　苏铁的分布区域为中国、日本、菲律宾和印度尼西亚。

图3　圆柱形雄球花

图4　馒头形雌球花

图5　大孢子叶上部羽状分裂

图6　朱红色的苏铁种子

应用价值

园林景观用途　苏铁树形优美，苍劲质朴，叶片顶生，四季常青，具独特观赏效果，是公园、庭院和室内非常好的观叶植物。其老干布满落叶痕迹，如鱼鳞，别具风韵。

食用价值 树干髓心含淀粉，可食用或作酿酒原料；嫩叶和种子可食。

药用价值 苏铁叶具有清热、止血的功效。花能理气止痛；种子能平肝，降血压；根有祛风活络、补肾等作用，可治疗咳嗽、跌打损伤等。

栽培技术

苏铁以种子繁殖和分蘖繁殖为主。种子繁殖是于秋末采集成熟种子，随采随播，也可沙藏于第二年春季再播；因种皮厚而坚硬，生芽缓慢，覆土要深些，约3厘米，在30～33℃高温下，约2周即可发芽。

苏铁喜光，稍耐半阴。喜温暖，不甚耐寒，生长季节应保持土壤水分在60%左右，浇水应遵循见干见湿的原则。春、夏季叶片生长旺盛时期，特别是夏季高温干燥气候要多浇水，早晚各一次，使叶片清新翠绿。入秋后可3～5天浇水一次。用家里的洗米水浇灌，具有一定的肥效。

苏铁生长比较缓慢，寿命长达200年以上，每年只长1轮叶片，每当新叶展开成熟后，可以把下部的老叶剪除，保持2～3轮叶片，不用经常修剪。

小常识

人们常说“千年的铁树开了花”，是指在北方栽种苏铁，使之开花实属不易。因为苏铁从播种、发芽、长叶到开花的时间一般在10年以上。其实影响苏铁开花的是积温和日照时数。由于北方的气温较低，日照时数短，很难达到苏铁开花所要求的积温，才会发生苏铁开花百年罕见的场面。而在南方，由于气温高、日照时间长，苏铁年年都可以开花。

◇ 你还需知道的

为什么有人把植物园中的苏铁园比喻成恐龙的花园?

据资料显示，苏铁出现于约3亿年前，比恐龙还早，大概1亿多年前曾经繁盛一时，与恐龙同霸天下。经过亿万年的沧海桑田，只剩下300多种散落在世界各地。我国于1995年把野生苏铁列为国家一级重点保护野生植物。

文殊兰

拼　音：wén shū lán

拉丁名：*Crinum asiaticum* L. var. *sinicum* (Roxb. ex Herb.) Baker

美丽的传说

传说有一种稀有的文殊兰品种，叫做空明七心灯。它的一个花序有7朵不同颜色的小花，这7朵小花就像7盏明灯一样，分别代表着东、西、南、北、过去、现在和将来，它可以打开人生之扉，照亮生死之路。7朵小花绽放的时候，可以让时空倒回，岁月逆流，花的主人就可以填补遗憾，并且预知未来，避免危险，把握机遇。如此神奇的空明七心灯自然不容易培育，它必须聆听人心里真实的话语，并接受几十年的阳光雨露，才会开出美丽的花朵。

简介

别名　十八学士、翠堤花。

花语　与君同行，夫妇之爱。

生物学特性　文殊兰是石蒜科文殊兰属多年生粗壮草本植物（图1）。它的鳞茎长柱形（图2），上面排列着20～30片叶片，叶片带状披针形，长可达1米，宽7～12厘米，叶片的顶端逐渐变尖。文殊兰花莛直立，差不多和叶等长，伞形花序有花10～24朵，花梗长0.5～2.5厘米；花白色，高脚碟状，有一个很长的花被管，长可达10厘米，气味芬芳，花被裂片线形，向顶端渐变窄；雄蕊淡红色，花丝长4～5厘米，子房纺锤形，长不及2厘米。

图1　文殊兰植株

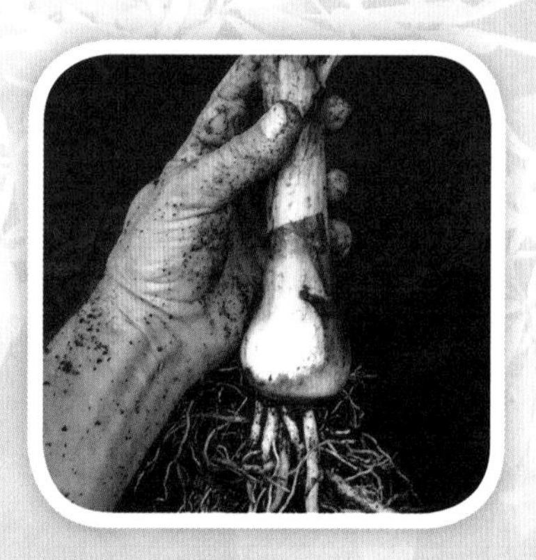
图2　文殊兰的鳞茎

分布　文殊兰原产印度尼西亚等地，因为有较高的观赏价值，所以我国南方各地都有栽培，尤其以云南西双版纳栽培得较多。这主要是因为该地区的傣族都信仰佛教，而文殊兰又被佛教寺院定为“五树六花”（即佛经中规定寺院里必须种植的5种树、6种花）之一，所以被广泛种植。

应用价值

园林景观用途 文殊兰叶丛优美，花香雅洁，为大型盆栽花卉，可布置厅堂、会场等。南方地区可地栽于庭院。

药用价值 文殊兰可消炎止痛，治疗跌打损伤。需注意的是，文殊兰全身有毒，鳞茎毒性更强。中毒时伴有腹痛、腹泻等症状，所以用药需遵循医嘱，不可自作主张。

栽培技术

文殊兰可以采取分株和播种的方式进行繁殖。文殊兰在夏季怕烈日暴晒，所以夏季的养护应抓住“降温增湿”展开，应将植株移到荫蔽的地方或北面阳台上养护，并经常向地面洒水，创造凉爽湿润的小环境。冬季需注重保暖工作。北方地区在10月上旬、南方地区在11月上旬应该及时将文殊兰植株搬入室内，放在阳光较好的地方，最低温度为8～10℃，方可安全越冬。文殊兰喜湿润，春季需要每隔1～2天浇一次水，夏季每天傍晚浇一次水，进入秋季后可以相对减少浇水次数，冬季则严格控制浇水次数，约半个月浇一次透水即可。文殊兰生长季节喜肥，需每周施液肥一次。

小常识

文殊兰虽然名字里有“兰”字，但并不是通常意义上的兰花。兰花属于兰科，文殊兰属于石蒜科，两者具有明显的不同。体现在花的结构上，更加明显：兰科植物的花具有一枚唇瓣，雄蕊1枚或2枚，与花柱、柱头结合成合蕊柱，花粉黏合成花粉块（图3），而石蒜科的花没有唇瓣，6枚花被片形态相似，而且雄蕊6枚，独立而生，并不联合（图4）。

图3 兰科的花

图4 文殊兰的花

◇ 你还需知道的

你知道佛教的“五树六花”是什么吗?

“五树六花”即佛经中规定寺院里必须种植的5种树、6种花。“五树”是指菩提树、高榕、贝叶棕、槟榔和糖棕，“六花”是指荷花（莲花）、文殊兰、黄姜花、鸡蛋花、缅桂花和地涌金莲。

西番莲

拼　音：xī fān lián
拉丁名：*Passiflora caerulea* L.

美丽的传说

相传在很久以前，在如今美洲的印第安区域，那时候西番莲是掌管白天的天神的女儿。她非常漂亮，就像是阳光明媚的白天，极其绚烂，就如同晴天的阳光一样温暖而动人。她承袭了父亲给予的热情阳光，身上总是洋溢着灿烂的笑容。有一天晚上，西番莲翻覆难眠，所以张开她漂亮的双眼。就在这时，她忽然看见远处在一湾明澈的泉流旁，有一个英俊帅气的少年，那少年正在泉流旁喝水。西番莲看得入神，不自觉地慢慢接近这个少年，她小心谨慎地靠近，这时，那个少年也注意到了西番莲，他笑吟吟地望着她，西番莲立即被这少年的美貌吸引了。西番莲爱上了这个帅气的少年，但是，这个少年不像西番莲在白天所看到的其他人，这个少年是夜晚的精灵，他只能在夜晚出现。西番莲对这个黑夜少年十分爱慕，因此，她自此以后分分秒秒地计算着时刻，巴望着夜晚的来临，希望能够再次见到帅气的夜间少年，但是他却一去不回。从此，西番莲变得忧郁、沉默寡言，最终，她忧郁而死，化成了西番莲。

简介

别名　受难果、巴西果、藤桃、热情果、转心莲、西洋鞠、转枝莲、洋酸茄花、时计草。

花语　憧憬。西番莲的花朵非常奇特，与众不同，而西番莲结出的果实十分像鸡蛋，西番莲果实的汁液也是黄澄澄的，非常像鸡蛋液，所以最初种植西番莲的人们种植西番莲是十分渴望食物、期待西番莲的果实的，因此西番莲的花语是“憧憬”。

生物学特性　西番莲为西番莲科西番莲属多年生常绿攀缘木质藤本植物。茎圆柱形并微有棱角，无毛，略被白粉；叶纸质，长5～7厘米，宽6～8厘米，基部心形，掌状5深裂，中间裂片卵状长圆形，两侧裂片略小，无毛、全缘；叶柄长2～3厘米，中部有2～4（～6）个细小腺体；托叶较大，肾形，抱茎，长达1.2厘

图1 西番莲的退化花序

图2 西番莲的花

图3 西番莲的果实

图4 西番莲果实内的种子

米，边缘波状。聚伞花序退化仅存1花，与卷须对生（图1）。花大（图2），淡绿色，直径大，6～8（～10）厘米；花梗长3～4厘米；苞片宽卵形，长3厘米，全缘；萼片5枚，长3.0～4.5厘米，外面淡绿色，内面绿白色，外面顶端具1角状附属器；花瓣5枚，淡绿色，与萼片近等长；外副花冠裂片3轮，丝状，外轮与中轮裂片长达1.0～1.5厘米，顶端天蓝色，中部白色，下部紫红色，内轮裂片丝状，长1～2毫米，顶端具1紫红色头状体，下部淡绿色；内副花冠流苏状，裂片紫红色，其下具1蜜腺环；具花盘，高1～2毫米；雌、雄蕊柄长8～10毫米；雄蕊5枚，花丝分离，长约1厘米，扁平；花药长圆形，长约1.3厘米；子房卵圆球形；花柱3，分离，紫红色，长约1.6厘米，柱头肾形。花期5～7月。浆果卵圆球形至近圆球形，长约6厘米，熟时橙黄色或黄色（图3）；种子多数，倒心形，长约5毫米（图4）。

分布 西番莲栽培于我国广西、江西、四川、云南等地，有时逸生。原产南美洲，热带、亚热带地区常见栽培。

应用价值

园林景观用途 西番莲花、果俱美，花大而奇特，既可观花，又可赏果，是一种十分理想的庭园观赏植物。

食用价值 西番莲的果实可以给人饱腹的感觉，以致让人减少其他高热量食物的摄入，有助于改善人体营养吸收结构。同时，西番莲的果实维生素C含量丰富，有美容养颜、抗衰老的作用。西番莲的果实含有丰富的维生素、超纤维和蛋白质等上百种对人体有益的元素，而且口感和香味都美到极致，可以增强人体抵抗力，提高免疫力。小孩和孕妇尤应多食。西番莲果实中的超纤维可对人体肠胃进行深层次的清理和排毒，但是又不会对肠壁造成任何损害，有改善人体吸收功能、整肠健胃的功效，对于缓解便秘症状十分有益。

栽培技术

西番莲可通过种子、压条和扦插繁殖。由于果实种子多，发芽率高，生产上多采用种子繁殖。种子繁殖一年四季均可进行，但以春、秋季播种为佳。一般选长势健壮、无病虫害、高产稳产的植株作为母株，采果形端正、稍重、完全成熟的果实，取出种子，洗去残渣后晾干即可播种。压条和扦插以春季2～3月为宜。

小常识

西番莲的果实又叫百香果，含有超过135种以上的芳香物质，最适于加工成果汁，或与其他水果（如芒果、菠萝、番石榴、柑橙和苹果等）加工混配成混合果汁，可以显著地提高这些水果汁的口感与香味；还可以作雪糕或其他食品的添加剂以增进香味，改进品质。

◇ 你还需知道的

（1）西番莲的果实有哪些人不适合食用？

（2）西番莲有哪些常见的病虫害？

叶子花

拼　音：yè zi huā
拉丁名：*Bougainvillea spectabilis* Willd.

美丽的传说

相传老城绣衣池街巷里，有一位名叫小梅的绣花姑娘，绣花的手艺出众，而且人也长得秀气文静。河南有位名叫胡应能的诗人为小梅写出了“绣成安向春园里，引得黄莺下柳条”的传世佳句，此诗几经辗转，传到小梅姑娘手中，她被诗人的才华深深打动，于是决定带上自己的刺绣佳作去会一会这位诗人。一路历尽千辛万苦，小梅来到了河南，没想到这位诗人已卧病在床，家里四壁空空，小梅姑娘不觉暗暗为这位颇有才气却时运不济的人叹息，她决定留下来照顾他的后半生。她用自己的刺绣卖钱为生，同时还虚心向当地人学习湘绣，使她的绣花水平得到进一步提高。

胡应能去世后，小梅姑娘又回到了故乡，终身未嫁，但她大爱无疆、勇敢追求真爱的故事被广为流传，在小梅死后下葬的山野里，人们发现了一种花，心形的叶子，三角的花，大片大片地开着红色或粉色的花，十分美丽。人们觉得这花定是小梅的化身，“独傲红颜长不逝，春风来去总怀情”，所以将此花命名为“三角梅”。

简介

别名　三角梅、毛宝巾、九重葛。

花语　热情、坚韧不拔、顽强奋进。

生物学特性　叶子花为紫茉莉科叶子花属藤状灌木，花期冬、春季，花色有紫红、粉、白等颜色（图1、图2）。枝、叶有柔毛，有腋生刺。叶纸质，卵形或卵圆形。花序顶生，常3朵簇生在苞片内；苞片叶状，暗红色或淡紫红色；花被管狭筒形，长1.5～2.5厘米，顶端5～6裂，裂片开展，黄色。瘦果有5棱。

图1　叶子花的黄色“花”

叶子花是诸多华南城市的市花。住在南方的你可能已对它审美疲劳，但是你若停下脚步仔细观察它的花朵，你会发现非常有趣。乍一看，它开着紫红色的“花”，好似有3枚“花瓣”，里面还有3枚黄色的“花蕊”。其实，那“花瓣”是它的苞片，而那“花蕊”才是真正的花。因为花很不起眼，所以叶子花就利用鲜艳的苞片来吸引传粉昆虫。

图2　叶子花的紫色“花”

分布　叶子花原产南美洲，是我国南方常见的观赏植物。

应用价值

图3　花园中的叶子花

园林景观用途　叶子花的花期长，在我国南方多栽培于庭院、公园（图3），北方需要温室栽培，也可栽作树桩盆景，或者制成微型盆景放置于阳台等处，十分雅致！

药用价值　花可入药，可活血调经、化湿止带，主治血瘀经闭、月经不调。

栽培技术

叶子花以扦插繁殖为主，每年6～7月花后剪取成熟的木质化枝条，长10～15厘米，插于沙土中，1个月左右便可生根。要想在秋季看到叶子花繁花锦簇的景象，需要在开花之前提前控水。叶子花属藤本灌木，地栽时需要搭设支架，使其可以攀缘而上；当然也可以盆栽，但需要修剪，尤其是在春季，要经常“掐顶”，将叶子花打造成圆头型的小灌木。北方栽植叶子花时，冬季需要入温室越冬。

小常识　叶子花是典型的虫媒传粉植物，它的小花虽然不起眼，但是苞片大、颜色鲜艳，以此来吸引昆虫。

◇ 你还需知道的

（1）除了叶子花，还有哪些植物也是虫媒传粉？

（2）虫媒传粉的植物有什么特点？

5 沙生植物耐饥渴

百岁兰

拼　音：bǎi suì lán
拉丁名：*Welwitschia mirabilis* Hook.f.

植物文化

1851年费尔南多二世命弗里德里希马丁·威尔维茨前往葡萄牙属西非殖民地（安哥拉）考察，威尔维茨遂于1853年9月底航行到达罗安达，开始了艰辛的探险之旅。1859年9月3日，威尔维茨在安哥拉西南部木萨米迪什州（现纳米贝省）距离黑角（Cape Negro）海岸6英里（1英里≈1.6千米）的纳米布沙漠内陆一个隆起凝灰质石灰岩高原发现了一种奇怪的植物。他十分惊奇，在这个布满卵圆形碎石的沙滩上，那株植物只有两片巨大的叶，看起来叶片已经存在了数百年。威尔维茨用地名——当地人对附近海岸城镇亚历山大港的称谓为其属命名“Tumboa”。这种植物的发现，引起了植物学家和公众的广泛关注，后来英国皇家植物园（邱园）园长约瑟夫·胡克为了纪念威尔维茨，用他的名字重新命属名为“Welwitschia”，它就是百岁兰。2010年上海世界博览会上就“盛开”了一朵别具特色的巨大百岁兰，安哥拉的国家馆就是以百岁兰为造型装饰的，极具地域风格，让人一下子就记住了这个以百岁兰为国花的国家。

简介

别名　千岁兰。

花语　相濡以沫。

生物学特性　百岁兰为百岁兰科百岁兰属植物，茎干短而粗，呈倒圆锥状（图1），高很少超过50厘米，而直径可达1.2米多，主根长而粗大，可达3米。幼时有2片子叶（图2），后逐渐脱落；叶片带状，具有多数平行脉，长达2~3米，叶的顶部逐渐枯萎（图3）。百岁兰雌雄异株，种子有纸状翼，大多数种子难以发芽。

图1　百岁兰的茎

分布　百岁兰分布在非洲纳米比沙漠，纳米比亚西南部一个狭长、干燥的地带。

应用价值

园林景观用途　盆栽观赏，常用于温室或珍奇植物馆布展。

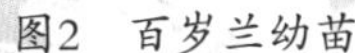

图2　百岁兰幼苗

图3　百岁兰的带状叶片

栽培技术

百岁兰采用播种繁殖。百岁兰喜光、喜高温，耐干旱瘠薄，栽培百岁兰幼株，温度控制在10℃以上，40℃以下均可正常生长，除夏季需要适当遮阳外，剩下季节要全日照。百岁兰根系很长，盆栽百岁兰要选择高脚深盆，以满足根系需求。管理中尽量减少换盆和移动，特别是刚买回来的最好原盆静养，任何操作不要伤其根系。土壤要求透水、透气，可选择赤玉土、泥炭等，按照颗粒土：泥炭为3：1的比例，浇水要干透浇透，宜少不宜多，可选择以叶面喷水为主，需定期浇灌杀菌剂。

小常识

百岁兰是世界上已知唯一永不落叶的植物，它终身只有2片真叶（幼时还有2片子叶），而茎极短，远远看上去就像只有一堆烂叶子软软地趴在沙砾上。它们的叶尖部在长期的风沙侵蚀中干燥磨损，而基部又不断地长出，就这样一直往外长，当越长越长就堆成一堆。科学家通过^{14}C检测推测其寿命可达数百年，据资料在纳米比亚的沙漠有寿命达2000年以上的百岁兰，叶片宽达1米多，长10余米，所以也有千岁兰之名。百岁兰是《濒危野生动植物种国际贸易公约》附录Ⅱ保护的植物，也是世界八大珍稀植物之一。

◇ 你还需知道的

（1）百岁兰为什么不会落叶呢？

（2）威尔维茨在他的探险之旅中发现了百岁兰，请在你的“探险”中认真观察一种你不认识的植物并详细记录下来。

非洲霸王树

拼　音：fēi zhōu bà wáng shù
拉丁名：*Pachypodium lamerei* Drake

植物文化

如果你有机会到非洲，毫无疑问，你会对非洲霸王树（图1）记忆深刻。它们就像巨大的棒槌伫立在空旷的荒漠上，浑身长满了粗而尖硬的刺，威风无比。自古以来，非洲土著居民就发现用非洲霸王树及其家族成员棒槌树属的植物汁液涂抹箭头，是最为有效的杀伤工具，这些毒药中的活性成分通常是一种洋地黄糖苷类，能刺激心脏。对于猎人来说，这是制作和使用毒箭所必备的知识和技巧。据说昆虫和小动物一旦被非洲霸王树体内分泌的胶质黏住，就无法逃脱，直到被霸王树的分泌物溶解，然后被吸收掉，可见霸王树可不是浪得虚名。大型的非洲霸王树往往会产生树心空洞，可以用来作为天然的储藏室，有些非洲霸王树的“近亲”髓心可以挤出黏黏糊糊、带点苦味的液汁，当地土著居民在条件艰苦的时候还用来充饥。

图1　非洲霸王树

简介

别名　马达加斯加棕榈。

生物学特性　非洲霸王树为夹竹桃科棒槌树属植物，原产非洲南部的马达加斯加，茎干灰绿色，直立，粗壮肥大，一般下部略粗，最高可达6～10米。通身密布乳突状瘤块，瘤块上长3根红褐色锐利硬刺，2长1短（图2）。叶交互或螺旋着生枝顶，叶片狭长状，亮绿至灰绿色，叶脉淡绿色，花白色（图3），花期较长，果实呈圆柱状或纺锤形，种子一端有毛。

分布　非洲霸王树原产非洲马达加斯加岛西南部，我国引种栽培。

图2　非洲霸王树的刺

图3　非洲霸王树的花

应用价值

园林景观用途　非洲霸王树株形独特，极具热带风情，可用于沙生景观造景、专类园布置，也可用于盆栽观赏。

栽培技术

非洲霸王树喜光，喜干旱，耐瘠薄。原生地可耐受10～45℃，正常生长需要保持温度在25℃以上，35℃以上生长缓慢，长期15℃以下容易出现脱叶、根部腐坏甚至死亡。成年株需全日照养护，土壤宜选择沙质土，浇水选择宁少勿多，特别是气温低时，要减少浇水或不浇水，生长季保持土壤微潮。宜选择夏季播种繁殖。

小常识

非洲霸王树是一种多肉植物，也称马达加斯加棕榈，其实它和棕榈一点亲缘关系也没有，可能只是和棕榈一样树叶长在树干顶部而已。非洲霸王树与绝大多数家族成员一样，体内的汁液具毒性和刺激性，一定要避免接触皮肤、入眼或误食。

◇ 你还需知道的

（1）仔细观察，非洲霸王树的刺和仙人掌的刺有什么不同？

（2）为什么说非洲霸王树也是一种多肉植物？什么样的植物可以叫多肉植物呢？

光棍树

拼　音：guāng gùn shù
拉丁名：*Euphorbia tirucalli* L.

植物趣事

光棍树（图1）可以算得上是世界上最富有的“光棍”了，科学家发现光棍树体内含有类似石油的碳氢化合物，可以提取石油。在100千克光棍树的茎里，可提取约8千克的石油物质，用它作燃料，有毒、有害气体释放量极低，很有可成为取代汽油的绿色清洁能源，是名副其实的“石油大亨”。既然能产石油，为什么还叫光棍树呢？原来这是大家都“以貌取人”了，在光棍树的家乡非洲，土壤非常干旱瘠薄，光棍树为了更好地储存水分减少消耗，树枝都变得肉肉的，叶子掉得几乎光光的，远远看去就像碧绿的光树杈，所以它还有一个好听的名字叫绿玉树。

图1　光棍树

简介

别名　绿玉树、牛奶树、绿珊瑚。

花语　坚贞的爱。

生物学特性　光棍树并不是完全的光秃，在新长出的嫩枝顶部有零星的小叶片（图2），所以光棍树也是有叶子的，只是它们在生长的过程中大部分叶片早落，成了低调的“光棍”。光棍树为大戟科大戟属灌木状或小乔木，一般高2～10米，茎干绿色，小枝圆柱状翠绿色。叶少数，散生于小枝顶部，为了适应干旱减少水分蒸腾，多数早脱或退化为不明显的鳞片状，由绿色的小枝取而代之进行光合作用。

图2　光棍树的叶子

光棍树的花为杯状聚伞花序，生于枝顶或节上，有短总花梗，总苞陀螺状，直径约0.2厘米，具有5个腺体，内被柔毛；花冠5瓣，黄白色；花无花被，雄花小数，雌花具多数总苞，苞片细小。果实为蒴果，暗黑色，被贴伏柔毛，长约0.5厘米，成熟时3裂。种子呈卵形，平滑。光棍树除在原产地外很难见到开花结果。

图3　光棍树的乳汁

光棍树在有些国家也被称作牛奶树，是因为它的树体里的汁液像牛奶一样（图3）。虽然这种乳汁中富含烯、萜、甾醇等类似石油成分的碳氢化合物，但一定要敬而远之。光棍树的枝叶极脆，只要稍被碰伤，就会流出这种白色的乳汁，皮肤接触会出现红肿、刺痛，入眼还有可能导致短暂失明。据说把光棍树修剪成绿篱，不仅美观还可以显著地驱虫。

分布　光棍树原产非洲东部，广泛栽培于热带和亚热带。

应用价值

园林景观用途　光棍树因其形态奇特、颜色碧绿，常用作栽培观赏或温室布展，也可以在热带地区贫瘠土地边缘推广种植，不仅起到绿化防护作用，还可以有效防止水土流失。

药用价值　在非洲民间和许多国家，光棍树是他们的传统良药，不仅可以通便、祛风、治疗咳嗽、哮喘等，其乳汁还可用于治疗发痒、蛇蝎咬伤。现代研究表明光棍树体内的生化物质还具有明显的抗癌作用。

栽培技术

光棍树喜光耐旱，耐瘠薄，盆栽需选择疏松透气沙砾土，浇水宜干不宜湿，高温多湿季节可停止浇水，夏季适当遮阳，薄肥可在换盆时施入。一般采取扦插方式进行繁殖，选择温暖的4～5月剪取顶部健壮饱满嫩枝8～10厘米，晾干后插于沙床中，约3周可生根，当根长2～3厘米时可进行分盆，分盆后进入正常管理。

小常识　光棍树属大戟科大戟属植物，一般大戟属植物体内都含有乳白色汁液，这种汁液虽然有药用价值，但未经处理的汁液毒性极大。

◇ 你还需知道的

（1）你知道植物中还有哪些“光棍”吗？

（2）如果光棍树可以生产石油，你会选择把它种在哪里？

金琥

拼　音：jīn hǔ
拉丁名：*Echinocactus grusonii* Hildm.

美丽的传说

相传，战神威济波罗奇特利对原住在墨西哥西部海岛上的印第安人——阿兹特克人说："你们不要再到处流浪了，应该找一个理想的地方定居下来。如果你们发现有一只鹰站在仙人掌上吸食一条蛇，那个地方就是适合你们定居的处所。"阿兹特克人遵照这一启示寻找他们定居的地方，最终他们在特斯科科湖西岸一个生长着许多仙人掌的地方看到了一只雄鹰立在仙人掌上吸食一条蛇的情景，于是便在这里定居下来，并建立了自己的都城——墨西哥城，所以墨西哥国旗和国徽上都是鹰叼着蛇站在仙人掌上的图案。仙人掌在墨西哥分布种类最多，最为集中，因此墨西哥也被称为"仙人掌王国"。金琥是最典型的球形仙人掌，也是较受欢迎的仙人掌之一，虽然目前栽培品种很多，但野生的金琥是极度濒危的珍稀植物。

简介

别名　象牙球。

花语　坚强。

生物学特性　金琥是大型的球形仙人掌，为仙人掌科金琥属植物，原产墨西哥中部，直径可达1米左右，一般球单生或丛生，棱20～30条，直而分明，通体深绿。强刺金黄色，老刺变褐，硬而强；有周刺8～10根，中刺较长、3～5根，较粗，稍弯曲，刺座具垫状毡毛，尤以顶部密集。花着生于密集毡毛中，黄色顶生钟状，4～6厘米，花筒被尖鳞片（图1）。果皮被毛，干果从基部开裂。栽培中还有几个主要变种，如白刺

图1　金琥的花

金琥、狂刺金琥、短刺金琥。

分布　金琥原产墨西哥中部炎热干燥的沙漠地区，我国引种栽培。

应用价值

园林景观用途　金琥是仙人掌植物的典型代表，气势雄强，是沙生温室布置和荒漠景观造景的首选。小型盆栽也可用来装点居室和办公环境。

药用价值　研究表明，仙人掌类的茎、果实均含有镇痛和抗炎的成分，具有消肿、解毒、止泻等功能。《本草纲目拾遗》记载仙人掌味淡性寒，具有行气活血、清热解毒、消肿止痛、润肠止血、健脾止泻、安神利尿等功效，可内服或外用治疗多种疾病。

栽培技术

金琥性强健，喜阳光充足，但夏季要适当遮阳。耐干旱瘠薄，宜选择富含石灰质的沙质土。栽培较易，越冬季低温需5℃以上，盆土干燥。盆栽金琥可每年换盆一次，清理干枯根和病根，用杀菌剂消毒处理晾干后上盆，浇水掌握干透浇透的原则。金琥可播种繁殖，发芽较为容易。也常采用分仔球或早春采取切顶的办法，促其滋生仔球，仔球长到0.8～1.0厘米时即可切下嫁接，砧木可选用量天尺或龙神柱等，当小球长至5～10厘米，去掉砧木，挖去木心，晾干后放入盆中使其长出自身的根系。

小常识

嫁接法是仙人掌生产扩繁的重要手段，利用量天尺、袖蒲柱、龙神柱等柱状仙人掌作砧木嫁接仔球，可以增强抗性，明显提高仔球的生长速度。一般嫁接球是实生球生长速度的3～5倍。

◇ 你还需知道的

（1）金琥的强刺有什么作用？

（2）很多人喜欢在电脑桌上摆放一盆金琥，据说可以吸收电磁辐射，你认同这种说法吗？能否设计一个小实验验证你的观点？

库拉索芦荟

拼　音：kù lā suǒ lú huì
拉丁名：*Aloe vera*（L.）Burm.f.

植物文化

芦荟古时称卢会、讷会、象胆等，从名字不难看出，这应该是一个外来植物。五代时期李珣的《海药本草》记载："芦荟生波斯国，状似黑饧，乃树脂也。"自古芦荟便被用作药材，唐代的刘禹锡自述幼时患了皮肤癣，从脖子到耳朵逐渐恶化成疮，尝试了各种药物均不见效，偶然机会得到药方，将芦荟捣碎敷擦，效果显著，自称神效。古埃及最早记录了芦荟对腹泻和眼病的治疗作用，考古还发现芦荟被放置于金字塔中木乃伊的膝盖之间，寺庙壁画上也有芦荟的形象。亦有说公元前333年，亚历山大占领了索科特拉岛（也门），他利用岛上的大量芦荟为士兵疗伤，伤口很快就得到痊愈。据说日本人还用芦荟治愈了原子弹造成的辐射灼伤且不留疤痕，当然还有芦荟美肤等说法。这些说法并非空穴来风，有科学研究表明，芦荟体内富含蒽醌类、多糖类等多种化学成分，均可起到抗菌消炎、调节免疫、镇痛等作用，已经广泛应用于临床医学。

简介

别名　巴巴多斯芦荟。

花语　洁身自爱、不受干扰。

生物学特性　大部分芦荟原产于非洲，为阿福花科芦荟属多肉草本植物，茎较短，叶肥厚多汁，条状披针形，粉绿色，顶端有几个小齿，边缘疏生刺状小齿。花莛高60～90厘米，不分枝或有时稍分枝。一般我们说芦荟多指库拉索芦荟，库拉索芦荟又称美国芦荟、翠叶芦荟，是国内常见的芦荟品种。它几乎无茎，叶簇生在茎顶。叶呈螺旋状排列，厚肥。叶长30～70厘米，先端渐尖，基部宽阔；叶子呈粉绿色，幼时有白色斑点，长大后逐渐消失，叶缘具刺状小齿，其花茎单生，长有两三个高60～120厘米的分枝。总状花序散疏，花点垂下。

分布　芦荟多数原产非洲热带干旱地区，在印度和马来西亚一带、非洲大陆和热带地区也有野生芦荟分布。

应用价值

园林景观用途 库拉索芦荟因其具有特殊的药用和食用价值，部分地区有规模化种植，也可用于沙生景观布置、庭院美化和家庭盆栽观赏。

药用价值 芦荟叶汁液制成的干燥品可用来杀虫、通便和清热凉肝。芦荟在民间也作草药用，有通便、催经和凉血止痛的作用，亦可用来制作护肤美容产品。

栽培技术

芦荟喜光、喜温暖且相较湿润的气候，但也耐瘠薄干旱。怕低温，当气温降低至15℃时停止生长，北方不可户外越冬。家庭种植芦荟要求有充足的阳光和通风的环境，切忌积水、长期潮湿、不通风。宜选择透气性强、渗水性好的沙壤土，生长季可施少量薄肥，半个月浇透水一次，气温下降至10℃以下时应停止浇水施肥。每年春季可视生长情况换盆一次。芦荟极易蘖生侧芽，可取下分株繁殖。

芦荟实际上一类植物的统称，其种类约有300种（图1、图2）。我们常说的用以食用和入药的多指库拉索芦荟，库拉索芦荟原产于巴巴多斯岛，所以也称巴巴多斯芦荟。这种芦荟“肉质”肥厚，富含果冻状的透明胶质和黄色物质，具有特殊的气味，主要成分是芦荟苷和多糖等，具有较好的抗氧化作用，所以库拉索芦荟常常被用来制作美容护肤产品。其叶肉虽然可以食用，但不能多吃，很多人食用芦荟会过敏，出现皮肤红肿、腹泻等症状。

图1 木立芦荟

图2 库拉索芦荟

◇ 你还需知道的

（1）你能说出生活中由芦荟制成的日用品吗？

（2）猜一猜库拉索芦荟体内的胶质状黏液对它自己来说有什么作用。

龙舌兰

拼　音：lóng shé lán
拉丁名：*Agave americana* L.

植物趣事

（1）谈到龙舌兰，大家一定想到世界著名的烈酒——龙舌兰酒。在墨西哥饮用龙舌兰酒就像中国人品茶一样，龙舌兰酒已经融入到墨西哥人的灵魂之中。相传有一天闪电击中了山坡上的龙舌兰，火势蔓延到整个山坡，燃烧了几天几夜。火熄灭后，漫山遍野却弥散着一股浓香，原来是龙舌兰的汁液变成了纯美的龙舌兰酒。在古印第安时期龙舌兰就为人们所崇拜，它们认为龙舌兰是神的恩赐，据说数千年以前，阿兹克特人就用它配合一种致幻的草药，使人们狂饮之后能产生幻觉。

（2）据说1966年的一天，美国的测谎机实验者克夫·巴克斯特无意之中把测谎机的电极接在一种龙舌兰的叶片上，当他给植物浇水时，发现测谎机的电流图纸上竟然录下了类似人们情感变化的脉冲图。巴克斯特惊讶不已，决定进一步加以研究，他用火柴来烧龙舌兰的叶片，示踪图上发生了明显的大幅度的变化，看来龙舌兰因为烧烤发生了“疼痛”和应激反应。他再一次划燃火柴，当燃着的火柴缓慢靠近龙舌兰时，图上的曲线增多。更加有趣的是，在巴克斯特将火柴划燃多次，却又不去烧它之后，示踪图慢慢地停止了变化。原来龙舌兰也懂得了“狼来了”的故事。后来，巴克斯特又在不同的地方，使用不同的机器对不同的植物做了类似的实验，结果都证实植物有“意识”、有“感情”，这个发现被称为“巴克斯特效应”。

简介

别名　龙舌掌、番麻。

花语　借别、离别之痛、为爱付出一切。

生物学特性　龙舌兰是天门冬科龙舌兰属植物，其茎节极短，叶片呈莲座状（图1），通常30～40片，大型、肉质、倒披针状线形，长1～2米，中部宽15～20厘米，基部宽10～12厘米。叶缘具有疏刺，顶端有1硬尖刺，刺暗褐色。龙舌兰是一种极难开花的植物，最长的开花周期可以达到40年。大部分种类的龙舌兰类植物一生只开1 次花，圆锥花序大型（图2），长达6～12米，是世界上最长的花

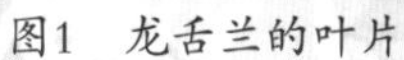

图1 龙舌兰的叶片

图2 龙舌兰的花序（局部）

序。由于消耗了太多的能量，龙舌兰花后随种子的成熟植株则逐渐枯死。

分布 龙舌兰原产墨西哥，我国引种栽培。

应用价值

园林景观用途 龙舌兰属植物茎短，叶剑形、三角和针形，肉质，呈莲座状排列，龙舌兰属中很多品种有斑锦的特性，也极具观赏价值，是温室布景的重要植物（图3）。

图3 龙舌兰类景观

药用价值 《中国植物志》记载，龙舌兰属有些种类含有的甾体皂苷元是生产甾体激素药物的重要原料，本属中金边龙舌兰在中药中的药性记载为：味甘微辛，平，无毒，具有润肺、化痰、止咳之功，可用于化痰定喘、治咳嗽吐血、治哮喘等。

栽培技术

龙舌兰对于环境的适应能力非常强，对土壤、水肥要求不高，但适宜选用疏松透气、排水良好的沙砾土。其最适宜的生长温度为15～25℃，最低的生长温度为7℃左右，当温度过低时，需移到室内养护。施肥可结合换盆进行，生长季一年一次即可。由于开花极难，龙舌兰一般采取分株的方式进行繁殖，春季换盆时可取下侧芽，晾干后上盆即可。

小常识

龙舌兰酒是墨西哥的国酒，也叫特基拉（Tequila），是将龙舌兰去叶取茎为原料榨汁，经过蒸馏制作而成的一款蒸馏酒，常被用作调制鸡尾酒的基酒，但未经加工发酵的龙舌兰汁液有一定的毒性，需要远离。

◇ 你还需知道的

（1）你知道龙舌兰和芦荟的区别吗？

（2）据科学家研究发现龙舌兰酒可以变为钻石，你认为这是真的吗？它是如何实现的呢？

6 水生植物有特长

菖蒲

拼　音：chāng pú

拉丁名：*Acorus calamus* L.

美丽的传说

唐僖宗年间，发生黄巢之乱，烽火所到之处，尸陈遍野、血流成河。老百姓闻黄巢来，纷纷先行逃跑避难。一次，黄巢看见逃难队伍中有位妇人的行径与常人大不相同。一般人逃难时，总是将年纪小的孩子抱在怀里，牵着年纪大的孩子。但这位妇人却是怀中抱着年纪大的孩子，手里牵着年纪小的孩子。黄巢感到奇怪，便拦下那妇人，问道："你为什么手牵小的，怀抱大的呢？"那妇人含着泪水，指着怀里的孩子，对黄巢说，这是大伯的孩子，手里牵的是自己的儿子。万一情况危急，只能救一个孩子时，她打算牺牲自己的孩子，以保住大伯唯一的后裔。黄巢听了非常感动，就对那妇人说："你快走吧。回去将菖蒲和艾草插在门口，黄巢的军队看见，就不会伤害你。"妇人回到城里，把这个消息讲了出去。没多久，黄巢的军队攻进城里，只见家家户户门上都挂着菖蒲与艾草。为了遵守对那位妇人的承诺，黄巢只得率兵离去，全城百姓因而得以幸免于难。

在危险的紧要关头，一个平凡妇人的义行救赎了全城百姓。妇人之所以能感动杀人不眨眼的黄巢，是因为她愿意牺牲，可能付出的代价是如此的宝贵——自己唯一的亲骨肉。而全城百姓若没有听从妇人所言，在门上插菖蒲与艾草，也无法幸存。

人们在崇拜的同时，还赋予菖蒲以人格化，把农历4月14日定为菖蒲的生日，正由于菖蒲的神性，加之具有较高的观赏价值，数千年来，一直是中国观赏植物和盆景植物中重要的一种。

简介

别名　白菖蒲、藏菖蒲。

花语　菖蒲是"花草四雅"之一，它的花语是用心、长寿、康宁，信仰者的幸福，神秘的人，在德国还象征着婚姻完美。

黄色菖蒲：信者之福。

图1　菖蒲植株

图2　菖蒲的叶

图3　菖蒲的花

生物学特性　菖蒲（图1）为天南星科菖蒲属多年生水生草本植物，根茎横走，稍扁，分枝，直径5～10毫米，外皮黄褐色，芳香，肉质根多数，长5～6厘米，具毛发状须根。叶基生，基部两侧膜质叶鞘宽4～5毫米，向上渐狭，至叶长1/3处渐行消失、脱落。叶片剑状线形，长90～100厘米，中部宽1～2厘米，基部宽、对褶，中部以上渐狭；中肋在两面均明显隆起，大都伸延至叶尖（图2）。花序柄三棱形，长40～50厘米；叶状佛焰苞剑状线形，长30～40厘米；肉穗花序斜向上或近直立，狭锥状圆柱形（图3）。花黄绿色，花被片长约2.5毫米，宽约1毫米；花丝长2.5毫米，宽约1毫米；子房长圆柱形，长3毫米，粗1.25毫米。浆果长圆形，红色。花期6～9月。

分布　菖蒲分布于我国南北各地。

应用价值

园林景观用途　菖蒲剑叶盈绿、端庄秀丽、香气怡人，栽培管理简单，是室内盆栽观赏的佳品，也是点缀庭院水景和临水假山的美景。现代人常将菖蒲用于水景岸边及水体绿化，具有较高的观赏价值。此外，菖蒲的叶和花序还可以作插花材料，效果极佳。

药用价值　菖蒲的根、茎、叶均可入药，而市面上的商品菖蒲和各中医所用菖蒲种类均不统一。菖蒲味辛、苦，性温，能辟秽开窍、宣气逐痰、解毒、杀虫，可治疗癫狂、惊痫、痰厥昏迷、风寒湿痹、噤口毒痢、痈疽疥癣、胸腹胀闷、慢性支气管炎等。

栽培技术

将收集到的红色成熟浆果清洗干净，在室内进行秋播，保持潮湿的土壤或浅水，在20℃左右的条件下，早春会陆续发芽，后进行分离培养，待苗生长健壮时，可移栽定植。或者在早春或生长期内用铁锨将地下茎挖出，洗干净，用刀将地下茎切成保留3～4个新芽的块状进行繁殖。

小常识

中国人感觉普通的菖蒲，却深受日本人的喜爱。《万叶集》中就有12首咏菖蒲的诗。日本的端午节可以说是以菖蒲为标志的节日。一到阴历的五月五日，在叫作“麾”的小旗上粘上纸做的鲤鱼，挂在横杆上叫“鲤鱼跳龙门”。这个鲤鱼的原型其实就是菖蒲。

◇ 你还需知道的

（1）菖蒲可以入药，是我国传统文化中可防疫驱邪的灵草，但却被中国植物图谱数据库收录为有毒植物，其毒性为全株有毒，根茎毒性较大。你如何看待这个矛盾的现象呢？

（2）我国传统文化中端午节有把菖蒲叶和艾捆一起插于檐下的习俗，你还知道哪些与传统文化相关的植物吗？

凤眼蓝

拼　音：fèng yǎn lán
拉丁名：*Eichhornia crassipes* （Mart.） Solms

植物文化

凤眼蓝又称为凤眼莲、水葫芦，原产于南美，在原产地巴西由于受生物天敌的控制，仅以一种观赏性种群零散分布于水体，1844年在美国的博览会上曾被喻为“美化世界的淡紫色花冠”。自此以后，凤眼蓝被作为观赏植物引种栽培，现已在亚洲、非洲、欧洲、北美洲等数十个国家造成危害，在葡萄牙至新西兰之间的大部分热带、亚热带地区均有分布，并形成患害。

19世纪期间凤眼蓝被引入东南亚，1901年作为花卉引入我国，20世纪30年代作为畜禽饲料引入内地各省份，并作为观赏和净化水质的植物推广种植，后逃逸为野生。由于其无性繁殖速度极快，又几乎没有竞争对手和天敌（虽然有多种野生、家养动物以其茎叶为食，但取食量较小，与其庞大的生长量相比毫无影响），现已广泛分布于华北、华东、华中、华南和西南的19个省（自治区、直辖市），尤以云南（昆明）、江苏、浙江、福建、四川、湖南、湖北、河南等省的入侵严重，成为我国淡水水体中主要的外来入侵物种之一（图1）。

图1　凤眼蓝大量繁殖

20世纪50年代，有人将凤眼蓝带到非洲的刚果盆地。3年后凤眼蓝战胜了所有的水生植物对手，反客为主，在刚果河上游1500千米的河道上蔓延，阻塞了航道。为了消灭凤眼蓝，当地政府花费巨资，沿河喷洒除草剂，但不到半个月，凤眼蓝又迅速生长起来。后来请来海牛（儒艮），一条每天能吃掉400多平方米的凤眼蓝，于是河道畅通了，刚果河又恢复了往日的生机。

简介

别名 凤眼莲、水葫芦、布袋莲、水荷花、假水仙。

花语 此情不渝，对感情、对生活的追求至死不渝。

生物学特性 凤眼蓝为雨久花科凤眼蓝属浮水草本植物。须根发达，棕黑色（图2）。茎极短，匍匐枝淡绿色。叶在基部丛生（图3），莲座状排列；叶片圆形，表面深绿色；叶柄长短不等，内有许多柱状细胞组成的气室，维管束散布其间，黄绿色至绿色；叶柄基部有鞘状黄绿色苞片。花莛多棱，穗状花序通常具9～12朵花；花瓣紫蓝色，花冠略两侧对称，四周淡紫红色，中间蓝色，在蓝色的中央有1个黄色圆斑，花被片基部合生成筒（图4）；雄蕊贴生于花被筒上，花丝上有腺毛，花药蓝灰色，花粉

图2 凤眼蓝的根

图3 凤眼蓝的叶

图4 凤眼蓝的花

粒黄色；子房长梨形，花柱长约2厘米，柱头上密生腺毛。蒴果卵形。花期7～10月，果期8～11月。

分布 凤眼蓝原产巴西，亚洲热带地区也已广泛生长。广布于我国长江、黄河流域及华南各地。生于海拔200～1500米的水塘、沟渠及稻田中。

应用价值

园林景观用途 凤眼蓝首次在1844年美国新奥尔良世界博览会上亮相时，被誉为“美化世界的淡紫色花冠”。凤眼蓝还是监测环境污染的良好植物，它可监测水中是否有砷存在，还可净化水中汞、镉、铅等有害物质。

药用价值 全株可供药用，有清凉解毒、除湿祛风热以及外敷治热疮等功效。

其他用途 全草为家畜、家禽饲料；嫩叶及叶柄可作蔬菜。

栽培技术

采集成熟的种子，于2～3月将饱满且呈黄褐色的种子放在25～30℃水中浸种10天，然后播在水面上，种子萌发后幼苗长出5～6片叶时，叶柄中部开始膨大，已有一定浮力，幼苗分枝后即可移植。立夏以后，可移至内塘的水面养殖。

凤眼蓝腋芽较多，能发育成为新的植株。匍匐枝较长，嫩脆易断，断离后亦成为独立的新株，具有极强的无性繁殖能力。

凤眼蓝不能自然越冬，需采取措施越冬保种。一般要求水温在5℃以上，才能保证苗种安全越冬。

小常识

凤眼蓝在生长适宜区，常由于过度繁殖阻塞水道，影响交通。凤眼蓝曾一度被很多国家引进，广泛分布于世界各地，亦被列入世界百大外来入侵种之一。

◇ 你还需知道的

（1）凤眼蓝也叫水葫芦，是浮水植物。你知道它是如何做到的吗？

（2）凤眼蓝繁殖迅速、生命力强，这些本是它的优点。在原产地巴西由于受生物天敌的控制，仅以一种观赏性种群零散分布于水体，然而在引入其他适宜的环境时却容易过度繁殖，阻塞水道，对当地其他物种产生危害。你如何看待这个问题？

浮萍

拼　音：fú píng
拉丁名：*Lemna minor* L.

植物文化

古代交通不发达，人们的活动范围基本在生活区域之内。远行的人骑马、乘车或者步行，耗时较长。在旅行的过程中经常会遇到同样遭遇的异乡人，大家相互间嘘寒问暖，各自祝愿平安。他们之间的交往往往随着分开，可能一辈子都不再联系，所以常用“萍水相逢”形容这种友谊，用浮萍的随水流动来比喻自己远离家乡，在外漂泊。诗句“浮萍漂泊本无根，天涯游子君莫问”说的就是这种情况。

著名诗人曹植写过一首关于浮萍的诗感叹浮萍随水东西流来比喻自己后期的命运：“浮萍寄清水。随风东西流。结发辞严亲。来为君子仇。恪勤在朝夕。无端获罪尤。在昔蒙恩惠。和乐如瑟琴。何意今摧颓。旷若商与参。茱萸自有芳。不若桂与兰。新人虽可爱。无若故所欢。行云有返期。君恩傥中还。慊慊仰天叹。愁心将何愬。日月不恒处。人生忽若寓。悲风来入怀。泪下如垂露。发箧造裳衣。裁缝纨与素。”其中部分诗句提到浮萍平凡，不比兰桂有香气，而且身世飘零。

简介

别名　青萍、田萍、浮萍草、水浮萍、水萍草。

花语　无根的脚步注定一生漂泊，无法挣脱命运的掌握。

生物学特性　浮萍为浮萍科浮萍属植物。浮萍的叶状体对称，表面绿色（图1），背面浅黄色或绿白色或常为紫色（图2），近圆形、倒卵形或倒卵状椭圆形，全缘，长1.5～5.0毫米，宽2～3毫米，上面稍凸起或沿中线隆起，脉3，不明显，背面垂生丝状根1条；根白色，长3～4厘米，根冠钝头，根鞘无翅。叶状体背面一侧具囊，新叶状体于囊内形成浮出，以极

图1　浮萍叶表面

短的细柄与母体相连，随后脱落。雌花具弯生胚珠1枚，果实无翅，近陀螺状，种子具凸出的胚乳并具12～15条纵肋。

分布　浮萍广布于南北半球温带地区。

图2　浮萍叶背面

应用价值

园林景观用途　用于自然水域景观点缀（图3）。

药用价值　以带根全草入药，性寒，味辛，具发汗透疹、清热利水等功效，主治表邪发热、麻疹、水肿等症。

其他价值　全草可作家畜和家禽的饲料，也是草鱼的饵料。

图3　自然水域景观中的浮萍

栽培技术

浮萍采用种子繁殖和分株繁殖。

（1）种子繁殖。采收成熟种子，将种子用黄泥包成小团，每团2～3颗种子，丢进栽培的水里。

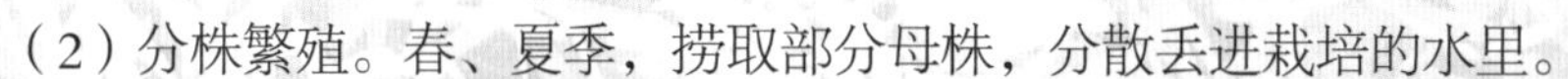

（2）分株繁殖。春、夏季，捞取部分母株，分散丢进栽培的水里。

浮萍喜温暖气候和潮湿环境，忌严寒。宜在水田、池沼、湖泊栽培。经常清除水面杂草，保持栽培水面静止；注意灌水，防止干旱。

小常识

萍随水漂泊，聚散无定。萍水相逢比喻素不相识之人偶然相遇。唐代王勃《秋日登洪府滕王阁饯别序》一诗中便有关描述：“萍水相逢，尽是他乡之客。”江西省西部地级市萍乡市因在古代生有一种水面浮生植物萍草，是萍草之乡而得市名。

◇ 你还需知道的

（1）诗句“浮萍漂泊本无根”形容人在外漂泊，植物浮萍真的没有根吗？

（2）新闻报道，近年各类水污染事件频频发生，水体富营养化导致蓝藻大面积爆发。许多市民分辨不清蓝藻与浮萍，误认为产生危害的是浮萍。蓝藻是植物吗？你能说出这它们之间的区别吗？

荷花

拼　音：hé huā
拉丁名：*Nelumbo nucifera* Gaertn.

美丽的传说

相传在王母娘娘身边有一位美貌的侍女——玉姬。玉姬非常羡慕人间男耕女织、恩恩爱爱的生活。有一天，在河神女儿的陪伴下玉姬终于找到机会偷偷溜出天宫，到了美丽的西子湖畔。由于她流连于西湖秀丽的风光，没能及时返回天庭，王母娘娘知道后非常生气，用莲花宝座将玉姬打入湖中淤泥，永世不得再回天庭。从此，玉姬就留在了人间，化身成了冰清玉洁的花卉——荷花。

简介

别名　莲花、水芙蓉、藕花、水华。

花语　清白、高尚、谦虚。

生物学特性　荷花是睡莲科莲属多年生水生草本植物。“接天莲叶无穷碧，映日荷花别样红。”这家喻户晓的诗句出自南宋诗人杨万里的七言绝句《晓出净慈寺送林子方》，描绘了西湖荷花的不胜美景。正像诗人所说，荷花的花和叶都是很美的。花亭亭玉立于水上，清雅脱俗，片片花瓣温玉剔透，颜色不仅有我们熟悉的白色、粉色，还有深红、淡紫甚至黄色（图1）。中心的花蕊更是别致，我们所看到的漏斗形状的莲蓬（图2），植物学上称为“花托”，它像海绵一样柔软，里面有许多大小合适的孔洞，是荷花的果实——莲子生长的“婴儿床”。到了秋季莲子成熟以后（图3），花托会掉落到水面上，像一叶小舟载着莲子寻找下一个落脚处。荷叶像伞，又像盾，微风过处，似裙裾摇曳，也自成一道风景。

图1　盛开的荷花

说到莲子，它那密封舱一样的外壳最为奇特，结构致密，以至于空气、水分都不能自由出入，甚至把微生物也挡在了外面。外壳里存在微小的气室，虽

图2　花蕊中的莲蓬

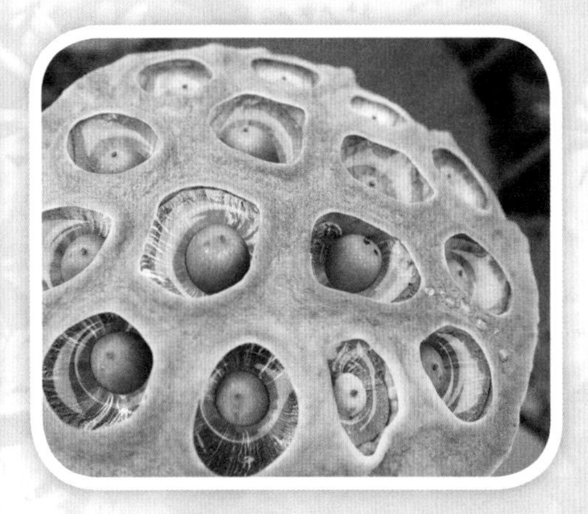

图3　莲子发育成熟

只能够储存0.2立方毫米的空气，但足以维持种子的休眠生活，使得它可以沉睡上千年，成为植物界最长寿的果实。1952年我国的科学工作者在辽宁省新金县发现了古莲子，寿命在830～1250岁。这些古莲子还能发芽吗？1953年，研究人员开始进行浸种发芽实验，在多次失败后，研究人员在莲子的外壳上钻小孔，又尝试把莲子的两端磨掉一些。2天后，奇迹出现了……1955年，古莲开出了淡红色的花朵，与现代的荷花相差无几，只是花蕾稍长，花色稍深。

荷花的茎也就是我们所说的莲藕，横生于水下的淤泥中。莲藕中有许多大小不一的孔道，这些孔道有什么作用呢？当茎被折断时，会出现许多白色相连的藕丝，也就是“藕断丝连”现象，这些藕丝又是什么呢？其实，藕中的孔道是荷花适应水中生活而形成的气道，用于气体的运输。藕丝则是运输水分的管道。

分布　荷花原产亚洲热带地区和大洋洲，我国除西藏和青海外，大部分地区都有分布。

应用价值

园林景观用途　荷花清雅脱俗、赏心悦目，且生命力旺盛、适应性强，是我国山水园林中经典、常用的植物之一，被广泛种植于池塘、湖泊，和其他水生植物一起营造美丽的观赏水景。

药用价值　荷花全身都是宝，莲藕和莲子能食用，叶、花、种子、藕节等都可入药。荷叶清暑利湿、升发清阳、止血，莲子养心、益肾、补脾、涩肠，藕节止血、散瘀。

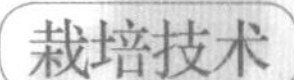

栽培技术

（1）种子繁殖。首先要破壳。5～6月将种子凹进的一端在水泥地上或粗糙的石块上磨破，浸种育苗。要保持水清，经常换水，约1周出芽，2周后生根移栽，每盆栽一株，水层要浅，不可将荷叶淹在水中。90%左右当年可开花，但当年开花不多。

（2）分藕繁殖。3月中旬至4月中旬是翻盆栽藕的最佳时期。过早栽植会有寒流影响，种藕容易受冻害。北方地区遇寒流时可用透明农膜覆盖。栽插前，盆泥要和成糊状。栽插时种藕顶端沿盆边呈20°斜插入泥，碗莲深5厘米左右，大型荷花深10厘米左右，头低尾高。尾部半截翘起，不使藕尾进水。栽后将盆放置于阳光下照晒，使表面泥土出现微裂，以利于种藕与泥土完全黏合，然后加少量水。待芽长出后，逐渐加深水位，最后保持3～5厘米水层。池塘栽植前期水层与盆荷一样，后期以不淹没荷叶为度。

小常识

莲花有自我清洁的功能，即“出污泥而不染”，自古以来就被人们认为是纯洁的象征，这一功能又被称为“荷花效应”。科学家们在显微镜下发现，荷叶的表面有一层茸毛和一些微小的蜡质颗粒，使荷叶具有不吸水的特点。当雨水落在叶面上时，会因表面张力的作用形成水珠，只要叶面稍微倾斜，水珠就会滚离叶面，顺便把一些灰尘、污泥的颗粒一起带走，达到自我洁净的效果（图4）。

图4　荷叶上的滚动水珠

◇ 你还需知道的

（1）荷花是一种古老的植物，有“活化石”之称。荷花在我国有着悠久的栽培历史，据记载，远在2500年前，吴王夫差就为他喜爱的妃子西施欣赏荷花而专门修筑花池。在人工栽培之前，野生的荷花历史更为久远。我国著名的古植物学家徐仁教授曾在柴达木盆地发现荷叶的化石，经测算，距今至少1000万年。

（2）因悠久的栽培历史、脱俗的气质、高洁的品质，1985年5月荷花被评为中国十大名花之一。

（3）请开动脑筋想一想，荷花神奇的自我清洁效应是否能应用到我们的生活中呢？在哪些方面能给我们带来方便呢？

菱角

拼　音：líng jiao
拉丁名：*Trapa bispinosa* Roxb.

植物文化

今天各地的方言里，菱角大多通称为“菱”，在古代它还有很多别名。先秦时代，常被称为“芰”（jì）。菱角的叶子聚生在一起，形成一个菱盘，由水下长长的菱茎支起浮在水面上。成熟时，菱叶还会向上片片支起，大概是因为这些原因而得名“芰”。它还有一个别名叫“水栗”，菱角的果肉淀粉含量高，吃起来口感与栗子相似，又长在水中，所以得名。至于“菱角”这个名字，源自浮在水面的菱形叶片和多数品种的果实带有的角（图1）。

图1　带角的果实——菱角

简介

别名　芰、水栗、菱实。

花语　棱角分明、锋芒毕露。

生物学特性　菱角为菱科菱属植物，叶子聚生在一起，组成一个菱盘（图2），由一根长长的茎托举着浮在水面上。叶片菱形，叶柄中部膨大，内部组织像海绵一样疏松（图3），起着储存空气的作用，又称为“浮器”，能够像游泳圈一样增加浮力，使叶片稳定地浮在水面上。

图2　叶片在水面聚生成菱盘

图3　膨大的叶柄内部像海绵一样

菱角开花也是在水上，花洁白娇小（图4）。花谢后，沉入水中结果（图5）。多数种类的果实长着尖尖的角，有4个角的、2个角的，也有光溜溜无角的。除去比较坚硬的果皮，里面的果肉就是食用部位。每年暑假的时候，菱角的果实还比较嫩，适合当蔬菜生吃；等到了

图4　菱角的小花有4个花瓣

图5　正在发育长大的小菱角

中秋节前后，果实彻底老熟，适合蒸煮后当粮食吃，还可以用来酿酒。

分布　菱角生活于水中，寿命只有一年。它们的身影遍及我国南北的水塘、河渠之中，以太湖流域和珠三角地区为多，自古就是当地人们重要的水生蔬菜。菱角在世界上分布也广，但在多数国家和地区野生生长，只有印度和我国对它进行了栽培利用。

应用价值

园林景观用途　菱角叶形奇特，可以与水生观赏植物荷花、睡莲搭配，绿化水面，美化水景。

食用价值　菱角的果肉含有丰富的营养，如糖类、蛋白质、维生素、钾、镁等。可以替代谷类食物，而且有益肠胃，适合体质虚弱者、老人和成长中的孩子。

药用价值　菱角果肉中含有β-谷甾醇等活性成分，入药有抗癌功效。传统中医认为，常吃菱角的果肉可以轻身——具减肥健美作用，因其脂肪含量极低，不溶性纤维含量高，增加饱腹感，不易堆积脂肪。

栽培技术

菱角喜光照充足和温暖的环境，适合在底土松软肥沃的池塘、河渠中生长，水里不能养龙虾、螃蟹（会把嫩芽吃掉）。生长适温为16～29℃，温度过高会影响开花结果，温度低于5℃时，叶片枯死。中秋节前后，江南水乡的人家会把吃不完的菱角果实用湿泥巴紧紧包裹起来，奋力往池塘里一扔，等到来年，又会结出好吃的果实。

小常识

随着人们的栽培和利用，“家菱”逐渐与野生的菱角有了明显的区别。野生菱角叶片和果实都小，角硬、扎人；“家菱”叶片和果实都大，角软而脆。

◇ 你还需知道的

菱角的叶具有两种不同的形态，去池塘里找一找、看一看，再想一想，它们是怎样帮助菱角适应水生环境的？

芦苇

拼　音：lú wěi

拉丁名：*Phragmites australias*（Cav.）Trin. ex Steud.

植物文化

《伊索寓言》里有一则故事，说的是芦苇与橡树经常为它们的耐力、力量和冷静争吵不休，谁也不肯认输。这一天，橡树又在指责芦苇说他没有力量，无论哪方的风都能轻易地把它吹倒，芦苇没有回答。过了一会儿，一阵猛烈的强风吹了过来，芦苇弯下腰，顺风仰倒，幸免于连根拔起。而橡树却硬迎着风，尽力抵抗，结果被连根拔掉了。

这个故事是想告诉我们，有时候不要硬与比自己强大的人去抗争，或许对自己更为有利。

简介

别名　芦、苇、蒹葭。

花语　韧性、自尊又自卑的爱。

生物学特性　“蒹葭苍苍，白露为霜。所谓伊人，在水一方。”这两句出自《诗经》的诗句里所描写的“蒹葭”就是芦苇。它是禾本科芦苇属的一种高大的草本植物，生长于池沼、河岸、溪边等潮湿、浅水区域。芦苇可以长到3米高，茎秆空心，叶片狭长。夏季开花，花开在高高的枝顶，柔柔细细的，随风飘荡（图1）。

图1　芦苇的花

分布　芦苇在我国分布很广，其中华北平原的白洋淀、东北的盘锦辽河三角洲、内蒙古的呼伦贝尔和锡林郭勒草原、新疆的博斯腾湖、湖南与湖北之间的洞庭湖，都是著名的芦苇区。

应用价值

园林景观用途　芦苇经常被装饰在公园里的湖边（图2），它们身形优雅，开花季节尤其美观。

生态价值 芦苇生命力非常强，除森林生境不生长外，在各种有水源的空旷地带，经常大片大片地“霸占”地盘，因而成为了“地球之肾”——湿地的主要构成植物。它们在水陆之间形成植物保护带，具有非常高的生态价值——通过截留、降解、吸收水体中的氮、磷等营养物质和污染物质及重金属，净化水质，防止水体富营养化，并且为很多动物尤其是鸟类提供了生活家园。

图2 春天的芦苇

药用价值 芦苇的根茎可入药，具有清热、健胃、利尿等功效。

经济价值 我国从古代就开始用芦苇盖房、搭建临时建筑、编制苇席。芦苇秆含有纤维素，可以用来造纸。芦苇的空茎可以制造芦笛，茎内的薄膜作笛子的笛膜。芦苇穗可以作扫帚，花絮可以充填枕头。

栽培技术

自然生境中，芦苇主要以地下横走的根状茎进行营养繁殖，根状茎具有很强的生命力。北京教学植物园里的芦苇，在每年的11月天气寒冷的时候，地上茎、叶全部枯萎，营养储存在根状茎里。第二年4月，天气回暖的时候，由根状茎发出新芽（图3），然后节节拔高生长。到了6月，就可以长到一人多高。暑假的时候，开出白色的花穗。11月，又枯萎。

图3 芦苇的新芽（像竹笋一样）

芦苇对水分的适应很宽泛，从土壤湿润到水深1米以上都能生长。

小常识 好吃的粽子，外面包着的是什么植物的叶子呢？北方用来包粽子的，就是芦苇的叶子。包出来的粽子，闻着香香的，充满大自然的味道。

◇ 你还需知道的

芦苇湿地为很多动物尤其是鸟类提供了生活家园，你知道都有哪些动物吗？

睡莲

拼　音：shuì lián
拉丁名：*Nymphaea tetragona* Georgi

美丽的传说

相传在很久以前，有一个偏僻的小山村，那里有一条河围绕着村子。有一天，河水枯竭了，村里的一位姑娘为了家人，整天四处奔波，只为找到一点水。姑娘在她每天都要经过的小河中，结识了一条藏身于淤泥里的鱼，它身上的鳞片就像天空那么蓝，它有一双温柔的眸子，它的声音也是那么清澈透明。美丽的鱼对姑娘说，如果姑娘愿意常常来看它，让它看见她清澈的眼睛，它就可以给她一罐水，当然那无非是一个借口而已。于是，姑娘每天早晨都会和鱼相会，鱼也履行着它的承诺。他们虽有人鱼之异，但心境却相通连。没多久，他们相恋了，并结为了夫妻。人鱼之恋终不为世俗所容，他们经历种种磨难后双双死去。然而他们的子女却在水中世代繁衍，那就是今天的睡莲（图1）。

图1　睡莲

简介

别名　子午莲、水芹花。

花语　洁净、纯真、妖艳。在古埃及神话里，睡莲被奉为“神圣之花”，成为遍布古埃及寺庙廊柱的图腾，象征着“只有开始，不会幻灭”的祈福。

生物学特性　睡莲是睡莲科睡莲属多年生水生花卉。睡莲的叶片紧紧贴在水面上生长，圆形或卵形，有一部分缺刻，使得整片叶子看起来像是羊儿的脚印（图2）。其实它还有一种叶——沉水叶，薄而脆弱，长在水下，不为人所注意。水上和水下的环境如此迥异，所以生活其中的叶子也就有了很大不同。

睡莲的花端坐于水上绿叶间，有白、粉、黄、紫、蓝等多种颜色（图3）。睡莲一朵花的寿命为2～5天的时间，白天开放，夜晚闭拢，就像我们一样“白天工作晚上睡觉”，所以有了睡莲之名。其实很多植物的花朵或叶片都有类似睡眠的现象，如郁金香、含羞草，这些植物在夜间合拢花瓣或叶片，是为了保持自身的温度，抵御夜晚的寒冷。

睡莲在水上开花，结实却隐回水下。水上开花有助于昆虫传粉，花朵成功授粉后藏身于水下发育果实可免去很多打扰和危险，真是聪明得很呐！

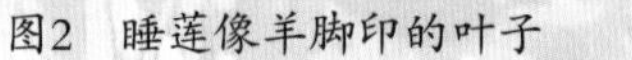
图2 睡莲像羊脚印的叶子

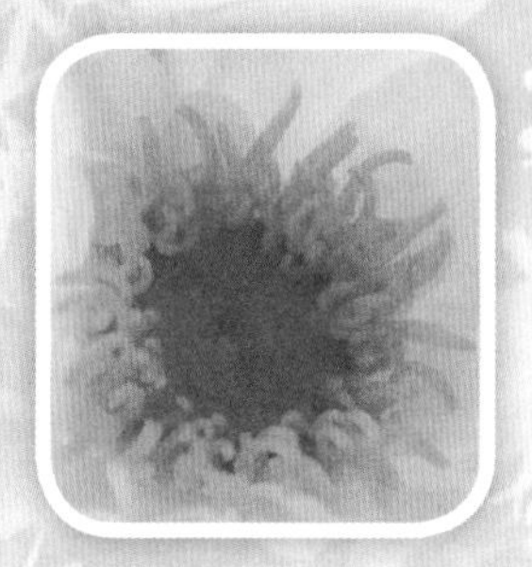
图3 美丽的花蕊

分布 睡莲于我国南北池沼自生。日本、朝鲜、印度、欧洲等地亦有分布。

应用价值

园林景观用途 睡莲花、叶俱美，在东、西方园林里都有广泛运用，是重要的水景主题材料。种植于湖、池，或囿于缸盆，置于庭院、阳台观赏，皆赏心悦目。

栽培技术

（1）缸栽。栽植时选用高50厘米左右、口径尽量大的花缸，缸底不能有孔。营养土混合均匀后放置到花盆内，深30～40厘米。将生长良好的繁殖体埋入花缸中心位置，深度为顶芽稍露出土壤即可。栽种后加水但不加满，以加至土层以上2～3厘米最佳，便于升温，以保证成活率。随着植株的生长逐渐增高水位。此方法的优点是管理方便，缺点是在京津地区冬季越冬困难，需移入温室或沉入水池。

（2）盆栽。选用无孔营养钵，高30厘米，口径40厘米，栽种方法及营养土如缸载，填土高度在25厘米左右，栽种完成后沉入水池，水池水位控制在刚刚淹没营养钵为宜，随着植株生长逐渐增高水位。此方法的优点在于越冬容易，只需冬季增高水位，使睡莲顶芽保持在冰层以下即可越冬，缺点是管理时必须进入水池，略感不便。

小常识

睡莲能吸收水中的铅、汞及苯酚等有毒物质，削减水中的总氮、总磷的含量，抑制一些藻类的生长，对河流、湖泊的水质起到净化的作用。

◇ 你还需知道的

睡莲只有叶子和花朵露出水面，身体的其他部分都生活在水下，根部更是扎根在水下的淤泥里，想一想它是通过什么方式获得足够的氧气呢？

香蒲

拼　音：xiāng pú
拉丁名：*Typha orientalis* Presl.

美丽的传说

香蒲和隋唐的一位名叫李密的英雄有一段渊源。据《唐书李密传》记载，因儿时家贫，李密以帮人放牛维持生计。有一次，隋炀帝无意间看到了他，觉得他顾盼的眼神很不一般，就给他机会让他读书。而李密读起书来也特别用心，他曾经用香蒲叶编成篮子挂在牛角上，将《汉书》装在篮内，骑在牛背上时就可以一边放牛一边读书。如此苦读后，果然成就不凡。

简介

别名　东方香蒲。

花语　卑微。

生物学特性　香蒲为香蒲科香蒲属多年生水生或沼生草本植物（图1）。叶片细长，自水中挺出，可以长到2米多高。入夏以后，如果你路过一片香蒲，会看到很多根火腿肠状的东西掩映在叶丛中，难道水中能长出火腿肠不成？当然不是。原来，香蒲的果实很小，还带有柔软的丝状毛，很多个小果实密密匝匝地生长在果序轴上，使得整个果序看起来就像是火腿肠一般（图2）。

图1　香蒲

分布　香蒲适应性极强，在我国南至台湾岛，北至黑龙江都有分布。

应用价值

园林景观用途　香蒲植株比较修长，喜欢成丛、成片生长，通常作为配角与荷花、睡莲等主角搭配，营造自然、优美的

图2　像火腿肠一样的果实

园林水景（图3）。

图3 模拟水生区中的香蒲

生态价值 由于香蒲能耐高浓度的重金属并能够把它们富集起来的功能被研究人员所发现，香蒲越来越受到重视和关注，在处理工矿废水污染和净化城市生活污水中发挥着它们重要的作用。

药用价值 香蒲花粉可以入药，在中药上称蒲黄。蒲黄在我国有着悠久的应用历史，具有活血化瘀、止血镇痛、通淋的功效。

经济价值 叶片用于编织、造纸，嫩茎叶可以当蔬菜，果实上的丝状毛可以填充枕芯和坐垫。

栽培技术

香蒲生长健壮，繁殖方法简单，生产中多采用分株法或播种法。

（1）分株繁殖。4～6月，将香蒲地下的根状茎挖出，用利刀截成每丛带有6～7个芽的新株，分别定植。

（2）播种繁殖。春季播种，播后不覆土，注意保持苗床湿润，夏季小苗成形后再分栽。

香蒲要求水层深浅适中，前期保持15～20厘米浅水，以提高土温。以后随着植株长高，水深逐渐加深到60～80厘米，最深不宜超过120厘米。

小常识 香蒲叶子晒干之后可以编织许多日常用品，如席、扇子、门帘、蒲墩，还可以编织草鞋、草帽和蓑衣，甚至还可以做床垫。

◇ 你还需知道的

（1）香蒲为重要的湿地植物之一。湿地是位于水陆之间的过渡性地带，广泛分布于世界各地，不仅拥有丰富的野生植物资源，也为众多野生动物提供了宝贵的家园。湿地素来被称为“地球之肾”，你知道这是为什么吗？

（2）在人口膨胀和经济发展的双重压力下，20世纪中后期大量湿地被改造成农田，加上资源的过度开发和污染，湿地面积大幅度缩小，湿地物种受到严重破坏。怎样才能更好地保护湿地呢？

莕菜

拼　音：xìng cài

拉丁名：*Nymphoides peltatum*（Gmel.）O. Kuntze

植物文化

"关关雎鸠，在河之洲……参差荇菜，左右采之。窈窕淑女，琴瑟友之。"这是《诗经·国风·周南·关雎》中的诗句，这是一首写男女恋情的诗，大意是河边一个采荇菜的姑娘引起一个男子的爱慕，诗歌运用比兴的手法借荇菜来描述女子的魅力。远在周朝，那时还没有植物分类学，而在现代植物分类学里，这个充满温情爱意的植物名称叫作莕菜。

简介

别名　水荷叶、荇菜、接余、凫葵、水镜草、余莲儿。

花语　寓意爱情的浪漫之花，相思。

生物学特性　莕菜为龙胆科莕菜属多年生水生草本植物。茎圆柱形，多分枝，节下生根。上部叶对生，下部叶互生，叶片飘浮，圆形或卵圆形，下面紫褐色，密生腺体，上面光滑叶柄圆柱形。花常多数，花冠金黄色；在短花柱的花中，柱头小，花药常弯曲，箭形；在长花柱的花中，柱头大；腺体5个环绕子房基部（图1）。蒴果无柄，椭圆形，成熟时不开裂；种子褐色，椭圆形。花果期4～10月。

图1　莕菜的花

分布　莕菜在全国绝大多数省份均有分布，生于海拔60～1800米的池塘或不甚流动的河溪中。在中欧、俄罗斯、蒙古、朝鲜、日本、伊朗、印度、克什米尔地区也有分布。

应用价值

园林景观用途　莕菜叶色碧绿，叶片似睡莲而小巧别致，花多、花期长，可用于水面绿化，装点水面，还可以净化水质。叶漂浮水面，花大而美丽，可以引种供观赏（图2）。

图2　荇菜景观

药用价值　荇菜全草均可入药，能发汗透疹、利尿通淋、清热解毒。主治感冒发热无汗、麻疹透发不畅、水肿、小便不利、热淋、诸疮肿毒、毒蛇咬伤。

栽培技术

（1）种子繁殖。在3月中旬进行催芽，4月即可播种。将种子撒播在泥土表面，再在上面撒一层细土或沙，加水1～3厘米，保温、保湿。约1个月生长出浮水叶即可移栽定植。

（2）分株繁殖。在春、夏季靠根状茎分枝形成匍匐茎，茎上节处生根长芽，形成小植株时，截取作繁殖材料。

小常识　荇菜具有一定的水环境净化作用，对铜绿微囊藻的抑制作用明显。

◇ 你还需知道的

（1）水域中荇菜长势丰盛时一片连一片，常被人当作凤眼蓝（水葫芦）清理了，原因是凤眼蓝过度繁殖抢占水面，使鱼类窒息，成了绿色污染。查找相关资料，尝试区分荇菜和凤眼蓝。

（2）荇菜是一种古老的高等水生植物，对水质有着很高的要求。曾生长过荇菜的区域不再生长了，很可能是水质受到不同程度的污染。尝试检测荇菜生长区域以及非生长区域的水质，分析荇菜对水质的要求。